教育部　财政部中等职业学校教师素质提高计划成果
制冷和空调设备运用与维修专业师资培训包开发项目（LBZD020）

制冷和空调设备运用与维修专业教师教学能力标准、培训方案和培训质量评价指标体系

Zhileng He Kongtiao Shebei Yunyong Yu Weixiu Zhuanye Jiaoshi Jiaoxue Nengli Biaozhun、Peixun Fang'an He Peixun Zhilang Pingjia Zhibiao Tixi

教育部　财政部　组编
刘炽辉　主编

机械工业出版社

本书是教育部、财政部中等职业学校教师素质提高计划成果中制冷和空调设备运用与维修专业师资培训包开发项目（LBZD020）之一。本书根据教育部、财政部关于实施中等职业学校教师素质提高计划的意见（教职成〔2006〕13号），由项目组主持承担的“制冷和空调设备运用与维修专业师资培训体系建设研究项目”中“制冷和空调设备运用与维修专业教师教学能力标准”、“制冷和空调设备运用与维修专业教师培训方案”及“制冷和空调设备运用与维修教师培训质量评价指标体系”几个子项目成果汇编而成。项目成果基于大量的行业、企业、学校、教研机构的调研和相关文献的整理、提炼，经过专家审定，内容翔实，切合实际。

本书适合作为中等职业学校制冷和空调设备运用与维修专业教师培训教材和开设该专业的中等职业学校教师参考用书，也适合作为相关专业职业教育研究参考用书。

图书在版编目（CIP）数据

制冷和空调设备运用与维修专业教师教学能力标准、培训方案和培训质量评价指标体系/刘炽辉主编；教育部，财政部组编．—北京：机械工业出版社，2011.9

教育部　财政部中等职业学校教师素质提高计划成果

ISBN 978-7-111-35680-6

Ⅰ.①制…　Ⅱ.①刘…②教…③财…　Ⅲ.①空气调节器－使用－中等专业学校－师资培训－教材②空气调节器－维修－中等专业学校－师资培训－教材　Ⅳ.①TM925.120.7

中国版本图书馆CIP数据核字（2011）第166820号

机械工业出版社（北京市百万庄大街22号　邮政编码100037）
策划编辑：汪光灿　责任编辑：王佳玮
版式设计：霍永明　责任校对：张　媛
责任印制：乔　宇
北京机工印刷厂印刷（三河市南杨庄国丰装订厂装订）
2012年3月第1版第1次印刷
184mm×260mm・5.25印张・117千字
0 001—2 000册
标准书号：ISBN 978-7-111-35680-6
定价：15.00元

凡购本书，如有缺页、倒页、脱页，由本社发行部调换

电话服务
社服务中心：(010)88361066
销售一部：(010)68326294
销售二部：(010)88379649
读者购书热线：(010)88379203

网络服务
门户网：http://www.cmpbook.com
教材网：http://www.cmpedu.com

教育部 财政部中等职业学校教师素质提高计划成果

系列丛书

编写委员会

主　任　鲁　昕

副主任　葛道凯　赵　路　王继平　孙光奇

成　员　郭春鸣　胡成玉　张禹钦　包华影　王继平（同济大学）

　　　　刘宏杰　王　征　王克杰　李新发

专家指导委员会

主　任　刘来泉

副主任　王宪成　石伟平

成　员　翟海魂　史国栋　周耕夫　俞启定　姜大源

　　　　邓泽民　杨铭铎　周志刚　夏金星　沈　希

　　　　徐肇杰　卢双盈　曹　晔　陈吉红　和　震

　　　　韩亚兰

教育部　财政部中等职业学校教师素质提高计划成果

系列丛书

制冷和空调设备运用与维修专业师资培训包开发项目(LBZD020)

项目牵头单位　广东技术师范学院

项 目 负 责 人　刘炽辉

主　　　　　编　刘炽辉

出版说明

根据2005年全国职业教育工作会议精神和《国务院关于大力发展职业教育的决定》（国发［2005］35号），教育部、财政部2006年12月印发了《关于实施中等职业学校教师素质提高计划的意见》（教职成［2006］13号），决定"十一五"期间中央财政投入5亿元用于实施中等职业学校师资队伍建设相关项目。其中，安排4 000万元，支持39个培训工作基础好、相关学科优势明显的全国重点建设职教师资培养培训基地牵头，联合有关高等学校、职业学校、行业企业，共同开发中等职业学校重点专业师资培训方案、课程和教材（以下简称"培训包项目"）。

经过四年多的努力，培训包项目取得了丰富成果。一是开发了中等职业学校70个专业的教师培训包，内容包括专业教师的教学能力标准、培训方案、专业核心课程教材、专业教学法教材和培训质量评价指标体系5方面成果。二是开发了中等职业学校校长资格培训、提高培训和高级研修3个校长培训包，内容包括校长岗位职责和能力标准、培训方案、培训教材、培训质量评价指标体系4方面成果。三是取得了7项职教师资公共基础研究成果，内容包括中等职业学校德育课教师、职业指导和心理健康教育教师培训方案、培训教材，教师培训项目体系、教师资格制度、教师培训教育类公共课程、职业教育教学法和现代教育技术、教师培训网站建设等课程教材、政策研究、制度设计和信息平台等。上述成果，共整理汇编出300多本正式出版物。

培训包项目的实施具有如下特点：一是系统设计框架。项目成果涵盖了从标准、方案到教材、评价的一整套内容，成果之间紧密衔接。同时，针对职教师资队伍建设的基础性问题，设计了专门的公共基础研究课题。二是坚持调研先行。项目承担单位进行了3 000多次调研，深度访谈2 000多次，发放问卷200多万份，调研范围覆盖了70多个行业和全国所有省（区、市），收集了大量翔实的一手数据和材料，为提高成果的科学性奠定了坚实基础。三是多方广泛参与。在39个项目牵头单位组织下，另有110多所国内外高等学校和科研机构、260多个行业企业、36个政府管理部门、277所职业院校参加了开发工作，参与研发人员2 100多人，形成了政府、学校、行业、企业和科研机构共同参与的研发模式。四是突出职教特色。项目成果打破学科体系，根据职业学校教学特点，结合产业发展实际，将行动导向、工作过程系统化、任务驱动等理念应用到项目开发中，体现了职教师资培训内容和方式方法的特殊性。五是研究实践并进。几年来，项目承担单位在职业学校进行了1 000多次成果试验。阶段性成果形成后，在中等职业学校专业骨干教师国家级培训、省级培训、企业实践等活动中先行试用，不断总结经验、修改完善，提高了项目成果的针对性、应用性。六是严格过程管理。两部成立了专家指导委员会和项目管理办公室，在项目实施过程中先后组织研讨、培训和推进会近30次，来自职业教育办学、研究和管理一线的数十位领导、专家和实践工作者对成果进行了严格把关，确保了项目开发的正确方向。

作为“十一五”期间教育部、财政部实施的中等职业学校教师素质提高计划的重要内容，培训包项目的实施及所取得的成果，对于进一步完善职业教育师资培养培训体系，推动职教师资培训工作的科学化、规范化具有基础性和开创性意义。这一系列成果，既是职教师资培养培训机构开展教师培训活动的专门教材，也是职业学校教师在职自学的重要读物，同时也将为各级职业教育管理部门加强和改进职教教师管理和培训工作提供有益借鉴。希望各级教育行政部门、职教师资培训机构和职业学校要充分利用好这些成果。

为了高质量完成项目开发任务，全体项目承担单位和项目开发人员付出了巨大努力，中等职业学校教师素质提高计划专家指导委员会、项目管理办公室及相关方面的专家和同志投入了大量心血，承担出版任务的11家出版社开展了富有成效的工作。在此，我们一并表示衷心的感谢！

编写委员会

2011年10月

前　言

中等职业学校的制冷和空调设备运用与维修专业教师，应是既懂理论又有技能、既懂专业又有知识面、既会管理又善协调的新型复合型人才。制冷和空调设备运用与维修专业教师教学能力标准（以下简称能力标准），是通过对中等职业学校、职教中心、制冷和空调企业等一百多个单位的调查（包括电话访谈、走访记录、问卷调查和网络调查等）及相关文献的整理、提炼而成的，本能力标准将在征询意见的过程中不断完善，作为下一步教材和教学法开发的依据，分发到教材开发的各分项目承担单位。能力标准本着制冷和空调技术应用专业的特点，采取“宽面”、“深度适中”的原则，设置各能力领域的内容。

本能力标准的编写参考了一个国家级标准制定中“满足最低必要性”的通行规则，即一般来说，如果标准比较成熟的话，企业标准 > 行业标准 > 国家标准。越是适用范围广的标准，其实越是接近“满足最低必要性”的思路。因此，制冷和空调设备运用与维修专业教师的能力标准，也正是建立在当前中等职业学校制冷和空调设备运用与维修专业教师的现有水平和教学能力上，脱离这一实际情况的教学能力标准，是不切合实际的。这样本能力标准就可以对全国范围内不同层次制冷和空调设备运用与维修专业的教师具有普适性，同时结合培训大纲，对高级别的教师也有较高的能力培训要求。

“中等职业学校制冷和空调设备运用与维修专业教师教学能力标准”分为制冷专业教师实践能力标准和中等职业学校专业教师教学能力标准两大部分，专业实践能力标准部分包含了 6 个能力领域，专业教学能力标准部分包含了 10 个能力领域。专业能力标准的能力领域的设置是建立在前期调查研究的基础上，综合考虑了制冷和空调设备运用与维修专业毕业生岗位群分布、中等职业学校制冷和空调设备运用与维修专业课程设置、教育部制冷和空调设备运用与维修专业教学指导大纲、中等职业学校制冷和空调设备运用与维修专业教师培训需求、中等职业学校制冷和空调设备运用与维修专业培养目标等因素，经研究小组反复商讨、仔细研究，并征询了部分中等职业学校制冷和空调设备运用与维修专业教师和相关专家的意见才最终确定的。

能力标准中，带★号者为骨干专业教师应满足的要求，带☆号者为提高专业教师应满足的要求。

编　者

目 录

第一部分

制冷和空调设备运用与维修专业教师教学能力标准

一、制冷和空调设备运用与维修专业教师教学能力标准

1 课程设计

1.1 分析制冷专业技术应用领域

1.1.1 明确制冷专业发展现状

1.1.1.1 明确行业（专业）的发展现状

1.1.1.2 会分析本专业中等职业人才社会需求

1.1.2 分析职业岗位（群）能力结构

1.1.2.1 明确典型职业（岗位）工作

1.1.2.2 会分析本专业中等职业人才的岗位能力要求

1.1.3 解读职业资格标准

1.1.3.1 能准确解读行业职业能力标准

*1.1.3.2 能提出行业职业能力标准的修订意见和建议

*1.1.3.3 能理解本专业领域强制性国家标准、国家政策

*1.2 设计培养方案

1.2.1 确定培养目标

1.2.1.1 明确专业培养目标

1.2.1.2 明确职业道德目标

1.2.1.3 明确职业能力目标

1.2.2 筛选课程内容

1.2.2.1 明确筛选课程内容的方法

1.2.2.2 明确专业要求的基本素质

1.2.2.3 明确专业要求的通用能力

1.2.2.4 明确专业要求的专业能力

1.2.3 组织课程内容

1.2.3.1 明确课程内容组织的主要模式

1.2.3.2 明确知识、技能和态度的组织方法

1.2.4 制定课程计划

1.2.4.1 明确课程计划体例格式

1.2.4.2 明确课程主要教学内容

1.2.4.3 明确专业教育教学阶段目标

1.2.4.4 能确定课程进度安排

1.2.5 设计课程标准

1.2.5.1　明确课程标准的构成和体例
1.2.5.2　明确课程的性质
1.2.5.3　明确课程标准的设计思路
1.2.5.4　明确课程目标
1.2.5.5　明确课程内容和要求
1.2.5.6　明确课程实施建议

*1.3　评估培养方案

1.3.1　实施评估
1.3.1.1　明确评估对象、目的和内容
1.3.1.2　能实施评估方案
1.3.1.3　能分析评估材料，写出评估报告
1.3.2　制定和修改评估方案
1.3.2.1　能设计评估标准
1.3.2.2　能制定评估计划
1.3.2.3　能开发评估工具
1.3.2.4　能根据评估结果修订评估方案

2　制定授课计划

2.1　解读培养方案

2.1.1　明确职业道德目标
2.1.2　明确职业能力目标
2.1.3　明确方法能力目标
2.1.4　明确社会能力目标

2.2　解读教学大纲

2.2.1　明确主干课程的地位和作用
2.2.1.1　明确本门课程的性质
2.2.1.2　明确本门课程的功能
2.2.1.3　明确本门课程与其他课程的关系
2.2.2　明确课程的教学目标
2.2.2.1　明确本门课程知识目标
2.2.2.2　明确本门课程技能目标
2.2.2.3　明确本门课程态度目标
2.2.3　分析课程内容的重点难点

2.3 解读职业资格标准

2.3.1 制冷与空调类岗位群
2.3.1.1 制冷设备维修工
2.3.1.2 制冷设备运行操作工
2.3.1.3 制冷行业技术工
2.3.2 分析职业资格标准的知识要求
2.3.2.1 能解读相关工种职业概况
2.3.2.2 能解读相关工种职业标准的基本要求
2.3.2.3 能解读相关工种职业标准的工作要求
2.3.3 分析职业资格标准的能力要求
2.3.3.1 能解读培养方案与职业能力标准的相关性
*2.3.3.2 能评价培养方案与职业能力标准的相关性
2.3.4 解读本门课程方案与相关工种职业标准的相关性
2.3.4.1 能解读本门课程目标与职业标准的相关性
2.3.4.2 能解读本门课程内容与职业标准的相关性

2.4 分析学情

2.4.1 分析学生的学习方法
2.4.1.1 会分析学生对陈述性知识的学习方法
2.4.1.2 会分析学生对程序性知识的学习方法
2.4.2 分析学生的学习态度
2.4.2.1 会分析学生的学习习惯
2.4.2.2 会分析学生的学习兴趣

2.5 分析教材

2.5.1 教材目标分析
2.5.1.1 把握教材的教学目标
2.5.1.2 分析与大纲要求差距
2.5.2 教材内容分析
2.5.2.1 思想性分析
2.5.2.2 科学性分析
2.5.2.3 趣味性分析
2.5.2.4 实用性分析
2.5.3 教材作用分析
2.5.3.1 思想品德培养
2.5.3.2 人类经验传承
2.5.3.3 学习动机发展

2.6 选择教学资源

2.6.1 能选择课程教材
2.6.2 能选择教学参考资料
2.6.3 能选择教辅材料
2.6.4 能选择教学设备
2.6.5 能选择教学场所

2.7 确定教学形式和方法

2.7.1 明确教学方法和手段
2.7.1.1 能选择合适的教学方法进行教学活动
2.7.1.2 能指导学生的学法
2.7.1.3 能有效控制自身的心境、情绪和情感
2.7.1.4 能在教学中有效管理教学资源
2.7.2 确定教学的组织形式

2.8 确定教学进度

2.8.1 确定本门课程教学目标
2.8.1.1 能确定本门课程开设的目的
2.8.1.2 能确定本门课程的知识目标、技能目标、态度目标
2.8.1.3 分析课程教学目标与教材教学目标符合性
2.8.2 确定课程教授计划
2.8.2.1 能确定学习任务
2.8.2.2 能合理安排教学进程
2.8.2.3 能确定教学形式
2.8.2.4 能准确把握重点难点
2.8.2.5 编制教学进度表

3 设计教案

3.1 明确教学目标

3.1.1 明确知识目标
3.1.1.1 明确陈述性知识目标
3.1.1.2 明确程序性知识目标
3.1.2 明确技能目标
3.1.2.1 明确心智技能目标
3.1.2.2 明确操作技能目标
3.1.3 明确态度目标

3.1.3.1　明确认知目标
3.1.3.2　明确情感目标
3.1.3.3　明确意志力目标

3.2　分析职业活动特点

3.2.1　分析职业环境条件特点
3.2.1.1　能确定职业活动场所
3.2.1.2　能确定职业活动的危害因素
3.2.2　分析职业能力特征
3.2.2.1　能确定职业活动心智技能特征
3.2.2.2　能确定职业活动操作技能特征
3.2.2.3　能分析职业活动方法能力特征
3.2.2.4　能分析职业活动社会能力特征
3.2.3　分析职业活动工作要求
3.2.3.1　能确定职业活动技能要求
3.2.3.2　能确定职业活动相关知识要求

3.3　分析学习者

3.3.1　分析学生的智力与特征
3.3.1.1　会分析学生的智力类型
3.3.1.2　会分析学生的生理特征
3.3.1.3　会分析学生的心理特征
3.3.1.4　会分析中职学生的社会性特征
3.3.2　分析初始能力
3.3.2.1　会分析学生的预备能力
3.3.2.2　会分析学生的目标能力
3.3.3　分析中职学生的学习风格
3.3.3.1　会分析中职学生的认知风格
3.3.3.2　会分析中职学生的情感风格

3.4　确定重点、难点

3.4.1　确定教学重点
3.4.1.1　能确定核心或主体学习内容
3.4.1.2　能确定实际应用中广泛需要的学习内容
3.4.1.3　能确定对培养学生能力有重大作用的学习内容
3.4.2　确定教学难点
3.4.2.1　能确定抽象程度高的学习内容
3.4.2.2　能确定预备能力不足的学习内容
3.4.2.3　能确定感性认识不足的学习内容

3.5 确定学习载体（任务/项目）

3.5.1 分析学习任务
3.5.1.1 能明确学习任务与工作任务的关系
3.5.1.2 能确定学习任务中的技术理论知识
3.5.1.3 能确定学习任务中的技术实践知识
3.5.1.4 能确定学习任务中的态度养成
3.5.2 确定学习项目/任务
3.5.2.1 能确定环境设备
3.5.2.2 能确定背景知识
3.5.2.3 能确定操作指导方案
3.5.2.4 能确定质量评价标准

3.6 设计教学场景

3.6.1 确定完成学习任务所需的材料
3.6.1.1 能确定完成学习任务所需材料的名称
3.6.1.2 能确定完成学习任务所需材料的规格
3.6.1.3 能确定完成学习任务所需材料的数量
3.6.2 确定工具、仪表、设备
3.6.2.1 能确定完成学习任务所需的工具
3.6.2.2 能确定完成学习任务所需的仪表
3.6.2.3 能确定完成学习任务所需的设备
3.6.3 确定教学场所
3.6.3.1 能确定现有的教学条件
3.6.3.2 能按现有的教学条件确定教学场所
3.6.4 准备教学媒体
3.6.4.1 能确定完成学习任务所需的教学媒体
3.6.4.2 能按教学条件确定教学媒体
3.6.5 工位安排
3.6.5.1 能根据设备台数和学生人数安排工位
3.6.5.2 能制定工位轮换方案

3.7 确定教学策略

3.7.1 确定教学准备策略
3.7.1.1 能确定教学形式
3.7.1.2 能确定教学情境
3.7.1.3 会选用教学方法
3.7.1.4 会组织处理教学内容
3.7.1.5 会编排教学活动进程

3.7.1.6 会选用教学媒体

3.7.2 确定教学实施策略

3.7.2.1 能确定动机激发策略

3.7.2.2 能确定教学内容呈现方式策略

3.7.2.3 能确定教学中的沟通与合作策略

3.8 教学评价设计

3.8.1 明确教学评价的内涵

3.8.1.1 明确教学评价的种类

3.8.1.2 明确教学评价的功能

3.8.1.3 明确教学评价的原则

3.8.2 设计教学评价方案

3.8.2.1 能解读能力标准

3.8.2.2 会选取工作样本

3.8.2.3 会准备评价材料

3.8.2.4 能制定施测计划

4 教学准备

4.1 准备教学资源

4.1.1 准备原材料与设备、工具

4.1.1.1 能按学习任务和工位安排准备原材料和设备、工具

4.1.1.2 能检验设备、工具与仪表

4.1.2 准备多媒体资源：能根据学习需要准备教学媒体

4.2 准备教辅材料

4.2.1 准备教学资料

4.2.1.1 准备教学参考资料

4.2.1.2 准备练习资料

4.2.2 准备技术资料

4.3 布置教学情景

4.3.1 布置物理维度教学情境

4.3.1.1 会布置信息资源

4.3.1.2 会布置认知工具

4.3.1.3 会创设设施情境

4.3.1.4 会布置岗位作业情境

4.3.2 布置心理维度教学情境

4.3.2.1　会布置企业化管理情境
4.3.2.2　会布置企业文化情境

5　实施教学

5.1　导入新课

5.1.1　导语引导
5.1.1.1　能应用问题引导法
5.1.1.2　能应用简介引导法
5.1.1.3　能应用事例引导法
5.1.1.4　能应用悬念引导法
5.1.1.5　能应用故事引导法
5.1.1.6　能应用回顾引导法
5.1.2　情境引导
5.1.2.1　能应用实物引导法
5.1.2.2　能应用媒体展示引导法
5.1.2.3　能应用教具演示引导法
5.1.2.4　能应用实验引导法

5.2　情景导入

5.2.1　媒体引导
5.2.1.1　能应用语言媒体导入情景
5.2.1.2　能应用传统媒体导入情景
5.2.1.3　能应用电化媒体导入情景
5.2.2　行动引导
5.2.2.1　能应用头脑风暴法导入情景
5.2.2.2　能应用项目教学法导入情景
5.2.2.3　能应用角色扮演教学法导入情景
5.2.2.4　能应用引导文教学法导入情景
5.2.2.5　能应用模拟教学法导入情景
5.2.2.6　能应用案例教学法导入情景

5.3　布置学习任务

5.3.1　布置项目教学法学习任务
5.3.1.1　能解读项目任务
5.3.1.2　能解读学习目标
5.3.1.3　能解读技术要求、工艺要求
5.3.1.4　能协助学生准备工具、材料

5.3.1.5 能提供项目学习参考资料

5.3.1.6 能对项目学习进行引导

5.3.2 布置引导文教学法学习任务

5.3.2.1 能描述学习任务

5.3.2.2 能提出引导问题

5.3.2.3 能提供学习参考资料

5.3.3 布置模拟教学法学习任务

5.3.3.1 能布置模拟设备法学习任务

5.3.3.2 能布置模拟情境法学习任务

5.3.4 提出问题

5.3.4.1 能布置案例阅读任务

5.3.4.2 能提出案例学习的引导问题

5.3.4.3 能组织案例学习的小组讨论

5.3.4.4 能组织案例学习的集体讨论

5.3.4.5 能组织案例学习的总结评价

5.3.5 布置四阶段教学法学习任务

5.3.5.1 能完成示范—模仿前的准备工作

5.3.5.2 能正确进行示范

5.3.5.3 能指导学生模仿与练习

5.3.5.4 能总结示范—模仿学习

5.3.6 组织教学

5.3.6.1 能选择和运用多种现代技术、教育资源进行教学活动

5.3.6.2 能有效管理教学过程，善于调动学生的主观因素，关注学生的学习表现并进行及时的反馈和调整

5.3.6.3 能分析教学过程和教学效果，适时调整教学计划，改进教学方法

5.3.6.4 能在教学活动中融入对学生发展能力的培养

5.3.6.5 能进行教学示范

5.4 课堂答疑

5.5 维持教学秩序

5.5.1 分析事件性质

5.5.2 选择处理事件的方式、方法

5.5.3 正确处理问题

5.6 指导学生自评、互评

5.6.1 指导学生开展专业能力评价

5.6.1.1 能指导学生开展知识目标达成的自评和互评

5.6.1.2 能指导学生开展技能目标达成的自评和互评

5.6.2 指导学生开展社会能力评价
5.6.2.1 能指导学生开展与人交流能力的自评和互评
5.6.2.2 能指导学生开展团队合作能力的自评和互评
5.6.2.3 能指导学生开展情感态度的自评和互评
5.6.3 指导学生开展方法能力评价
5.6.3.1 能指导学生开展信息处理能力的自评和互评
5.6.3.2 能指导学生开展自我学习能力的自评和互评
5.6.3.3 能指导学生开展解决问题能力的自评和互评
5.6.3.4 能指导学生开展计划能力的自评和互评
5.6.3.5 能指导学生开展创新能力的自评和互评

5.7 小结作业

5.8 课后反思

5.8.1 学法反思
5.8.1.1 能反思学生的学习方法
5.8.1.2 能反思学法的指导
5.8.2 反思教学过程：具有对教学过程进行反思的意识
5.8.3 反思教学方法
5.8.3.1 具有对专业教学法的运用进行反思的意识
5.8.3.2 能反思教学计划、教学方案
5.8.3.3 能反思各教学环节
5.8.4 反思教学效果
5.8.4.1 具有对教学效果与效率进行反思的意识
5.8.4.2 能反思专业能力目标的达成
5.8.4.3 能反思社会能力目标的达成
5.8.4.4 能反思方法能力目标的达成
5.8.4.5 能适时调整教学方案

6 教学评价

6.1 确定评价内容

6.1.1 确定专业能力评价内容
6.1.1.1 能确定知识目标评价的内容
6.1.1.2 能确定技能目标评价的内容
6.1.2 确定方法能力评价内容
6.1.2.1 能确定信息处理能力评价的内容
6.1.2.2 能确定自我学习能力评价的内容

6.1.2.3 能确定解决问题能力评价的内容
6.1.2.4 能确定计划能力评价的内容
6.1.2.5 能确定创新能力评价的内容
6.1.3 确定社会能力评价内容
6.1.3.1 能确定交流能力评价的内容
6.1.3.2 能确定团队合作能力评价的内容
6.1.3.3 能确定情感态度评价的内容

6.2 确定评价标准

6.2.1 运用评价标准
6.2.1.1 能选择评价标准
6.2.1.2 能使用评价量规
6.2.2 制定评价标准
6.2.2.1 能制定整体性评价量规
6.2.2.2 能制定分项评价量规
6.2.2.3 能制定通用评价量规
6.2.2.4 能制定专用评价量规

6.3 选择评价方式、方法

6.3.1 确定专业能力评价方式、方法
6.3.1.1 能确定知识目标评价方式、方法
6.3.1.2 能确定技能目标评价方式、方法
6.3.2 确定方法能力评价方式、方法
6.3.2.1 能确定信息处理能力评价方式、方法
6.3.2.2 能确定自我学习能力评价方式、方法
6.3.2.3 能确定解决问题能力评价方式、方法
6.3.2.4 能确定计划能力评价方式、方法
6.3.2.5 能确定创新能力评价方式、方法
6.3.3 确定社会能力评价方式、方法
6.3.3.1 能确定交流能力评价方式、方法
6.3.3.2 能确定团队合作能力评价方式、方法
6.3.3.3 能确定情感态度评价方式、方法

6.4 评价组织与实施

6.4.1 评价的组织
6.4.1.1 能组织教学评价
6.4.1.2 能制定教学评价指标体系
6.4.2 评价的实施
6.4.2.1 能选择适合的评价工具

6.4.2.2　能选择适当的评价方法
6.4.2.3　能获取评价信息
6.4.2.4　能作出价值判断

6.5　评价分析

6.5.1　分析评价过程
6.5.1.1　能分析评价内容与评价目标的关联性
6.5.1.2　能分析评价量规的科学性
6.5.1.3　能分析评价方式、方法的合理性
6.5.1.4　能分析评价组织与实施的合理性
6.5.2　分析评价结果
6.5.2.1　能分析评价结果的有效性
6.5.2.2　能分析评价结果的真实性

6.6　反馈调整

6.6.1　教学评价反馈
6.6.1.1　能向学生反馈评价结果
6.6.1.2　能写出评价结果报告
6.6.2　教学调整
6.6.2.1　能根据评价结果改进教法
6.6.2.2　能根据评价结果指导学生改进学法

7　教学指导

7.1　上示范课

7.1.1　教学内容选择
7.1.1.1　明确示范对象的特点
7.1.1.2　明确教学存在的问题
7.1.1.3　明确示范达到的目的
7.1.2　示范教学目的
7.1.2.1　示范教学技能运用
7.1.2.2　示范教学方法运用
7.1.2.3　示范实践技能教学
7.1.2.4　示范特色课程教学
7.1.3　进行教学准备
7.1.3.1　设计教案
7.1.3.2　选择或设计教学环境
7.1.3.3　设计板书

7.1.3.4 设计多媒体教学材料

7.1.3.5 设计教师仪表与语言

7.1.4 教学目标与策略选择

7.1.4.1 明确教学重点

7.1.4.2 明确教学难点

7.1.4.3 明确教学策略

7.1.5 教学流程设计

7.1.5.1 设计导入语

7.1.5.2 设计教学过程顺序

7.1.5.3 设计教学阶段情景

7.1.5.4 设计教学结语

7.1.6 教学反思

7.1.6.1 倾听其他老师的意见

7.1.6.2 倾听学生的意见

7.1.6.3 自我查找教学中的不足

7.2 说课

7.2.1 说教学内容（教什么）

7.2.2 说教学方法（怎么教）

7.2.3 说教学对象特点（学习者分析）

7.2.4 说重点、难点

7.2.5 说教学组织

7.2.6 说板书设计

7.3 评课

7.3.1 评教学过程

7.3.1.1 评教学内容的组织

7.3.1.2 评教学方法的运用

7.3.1.3 评师生互动情况

7.3.1.4 评教学时间的控制

7.3.2 评教学目标

7.3.3 评教学内容

7.3.4 评教学策略

7.3.4.1 评是否符合中职学生的学习特点

7.3.4.2 评是否符合职业能力形成的过程

7.3.5 评教学效果

*7.4 指导参赛

7.4.1 明确各种竞赛的特点和要求

7.4.2 选拔学生
7.4.3 确定竞赛的辅导计划
7.4.3.1 能设计参赛指导方案
7.4.3.2 能评估参赛指导方案
7.4.4 指导学生做赛前训练
7.4.4.1 能指导学生的专业训练
7.4.4.2 能指导学生的比赛技巧
7.4.4.3 能在训练中强化学生的心理素质
7.4.4.4 能在训练过程中修正指导方案
7.4.5 指导参加比赛
7.4.5.1 能分析参赛心理
7.4.5.2 能疏导参赛心理障碍
7.4.5.3 能指导参赛准备工作
7.4.5.4 能明确参赛注意事项
7.4.6 组织竞赛

*7.5 主持精品课程建设

7.5.1 制定精品课程建设规划
7.5.1.1 能明确课程建设的目标与思路
7.5.1.2 能明确课程建设的内容与特色
7.5.1.3 制定课程建设的进度
7.5.1.4 能明确精品课程建设方法
7.5.1.5 能明确精品课程建设模式
7.5.2 组织精品课程建设
7.5.2.1 能组建精品课程建设团队
7.5.2.2 能明确课程设置
7.5.2.3 能明确精品课程教学内容
7.5.2.4 能确定教学方法与手段
7.5.2.5 能组织完善实践教学设施与环境
7.5.2.6 能组织精品课程研究
7.5.3 精品课程教学团队的组织
7.5.3.1 确定课程建设负责人
7.5.3.2 确定主讲教师
7.5.3.3 明确教学团队学历、年龄结构优势
7.5.3.4 明确教学团队教学优势
7.5.3.5 明确教学团队科研优势
7.5.3.6 明确教学团队获奖情况
7.5.4 精品课程教材建设
7.5.4.1 制定精品课程教材建设规划

7.5.4.2　确定教材特色和编写提纲
7.5.4.3　确定教材编写团队和个人分工
7.5.4.4　完成教材编写和出版
7.5.5　精品课程网络资源的规划与建设

7.6　组织实习实训

7.6.1　制定实习实训目标
7.6.2　选择实习实训方式
7.6.2.1　校内实训
7.6.2.2　顶岗实习
7.6.3　编写实习实训任务指导书
7.6.4　组织学生实习实训
7.6.5　设计实习实训方案
7.6.5.1　能设计实习实训方案
7.6.5.2　能评估实习实训方案
7.6.6　开展实习实训活动
7.6.6.1　能按方案指导实习实训
7.6.6.2　能在指导过程中修正实习实训方案
7.6.6.3　能评价实习实训活动

*7.7　指导青年教师

7.7.1　指导青年教师基本素养
7.7.1.1　能指导青年教师道德素养的养成
7.7.1.2　能指导青年教师能力素养的养成
7.7.2　指导青年教师的技能
7.7.2.1　能指导青年教师的教学技能
7.7.2.2　能指导青年教师的说课技能
7.7.2.3　能指导青年教师的听课评课技能
7.7.2.4　能指导青年教师课程资源开发和利用技能

*8　教学研究

8.1　提出教研课题、立项

8.1.1　制定教学研究计划
8.1.1.1　能提出教改研究假设
8.1.1.2　能选择教改研究方法
8.1.1.3　能制定教改研究程序
8.1.1.4　能收集并分析国内外职教研究信息

8.1.1.5 能收集并分析职教教学改革信息

8.1.1.6 能掌握国内外职业教育最新成果

8.1.1.7 能掌握教育教学研究的基本方法

8.1.1.8 能对课程教学中所采用的教学法的效果进行研究

8.1.1.9 能根据教学对象、教育背景和学习风格制定教学计划

8.1.2 确定教研课题的选题

8.1.2.1 能明确教改研究课题选择原则

8.1.2.2 能查阅教改研究文献

8.1.2.3 能提出学校教学工作中存在的问题和本专业教学改革可行性方案

8.1.3 完成课题申报

8.1.3.1 能够申报教育教学改革科研课题

8.1.3.2 能承担教育教学改革科研课题

8.2 组织开展教研活动

8.2.1 制定教研活动计划，明确教研活动的目的

8.2.2 选择教研活动内容

8.2.2.1 研究教学大纲与教材

8.2.2.2 研究教学方法

8.2.2.3 研究学生的学习

8.2.2.4 研究专业发展与课程变化

8.2.2.5 研究行业现状

8.2.3 选择教研活动形式

8.2.3.1 示范课

8.2.3.2 说课与评课

8.2.3.3 请专家做报告

8.2.3.4 到企业或其他学校参观学习

8.2.4 完成教研活动总结

8.2.4.1 能做出教改研究结论

8.2.4.2 能解释教改研究结果

8.3 撰写研究报告

8.3.1 明确研究目的

8.3.2 确定研究内容与研究方法

8.3.3 撰写研究报告提纲

8.3.3.1 能撰写教学改革学术论文

8.3.3.2 能指导其他教师撰写教改学术论文

8.3.4 完成研究报告

8.3.5 明确教改研究报告的规范

8.3.5.1 明确教改研究报告的体例

8.3.5.2 明确教改研究报告的要求

8.3.6 总结教改研究报告

8.3.6.1 能总结教改研究过程

8.3.6.2 能分析总结教改研究资料和数据

8.3.6.3 能总结教改研究结论

8.4 应用研究成果

8.4.1 教改研究成果的验证与修正

8.4.1.1 能验证教改研究成果

8.4.1.2 能完善修正教改研究结论

8.4.2 教改研究成果的应用推广

8.4.2.1 能应用教改研究成果

8.4.2.2 能推广教改研究成果

*8.5 撰写论文

8.5.1 确定论文选题

8.5.1.1 能确定教改研究得出的规律

8.5.1.2 能确认教改研究结论

8.5.2 拟定论文提纲

8.5.2.1 能明确教改研究论文的结构

8.5.2.2 能正确使用表述语言

8.5.2.3 能修改润色论文

8.5.3 论文的投稿

8.5.3.1 能检查稿件

8.5.3.2 能选择投稿期刊

8.5.4 修改论文

8.5.5 评价论文

*9 教学改革

9.1 现状调研与评价

9.1.1 调研教学现状

9.1.1.1 能确定教学现状调研方法

9.1.1.2 能设计教学现状调研工具

9.1.1.3 能开展教学现状调研工作

9.1.2 评价教学现状

9.1.2.1 能统计教学现状调研数据

9.1.2.2 能分析教学现状调研数据

9.1.2.3 能得出教学现状调研结论
9.1.3 分析与评价教师能力
9.1.4 分析与评价教材
9.1.4.1 能收集和分析相关教学材料
9.1.4.2 能选择与组织教学材料
9.1.4.3 能按照实际需要，开发教学材料
9.1.4.4 能指导其他教师修订已开发的教学材料
9.1.4.5 能评估教学材料，帮助其他教师提高教学材料的开发能力
9.1.5 分析与评价教学效果

9.2 提出教改方案

9.2.1 提出教改目标与思路
9.2.1.1 能提出教改目标
9.2.1.2 能提出教改思路
9.2.2 提出教改内容
9.2.2.1 能确定教改课题
9.2.2.2 能提出培养模式改革方案
9.2.2.3 能提出课程体系改革方案
9.2.2.4 能提出课程内容改革方案
9.2.2.5 能提出教学方法改革方案
9.2.2.6 能提出教学手段改革方案
9.2.2.7 能提出教学评价改革方案
9.2.2.8 能提出教材建设方案
9.2.2.9 能提出教学实施环境建设方案
9.2.3 提出教改措施
9.2.3.1 能提出教改实施技术路线
9.2.3.2 能提出教改实施保障措施
9.2.4 提出教学效果提高方案

9.3 组织实施教改方案

9.3.1 解读教改方案
9.3.2 实施教改方案
9.3.2.1 明确教改的内容
9.3.2.2 明确教改的方法
9.3.2.3 明确教改的步骤
9.3.2.4 按教改方案实施教改活动
9.3.2.5 在实施过程中修正调整教改方案
9.3.3 组织实施教改
9.3.3.1 能制定实施计划

9.3.3.2　能组建实施队伍
9.3.3.3　能分析和掌握团队成员的能力特点
9.3.3.4　能根据团队成员的能力特点对工作进行合理分工
9.3.3.5　能搭建团队成员交流沟通的平台
9.3.3.6　能指导其他教师进行教学改革实践

9.4　评价教改效果

9.4.1　确定评价标准体系
9.4.1.1　能制定评价指标体系
9.4.1.2　能制定评价标准
9.4.2　评价组织与实施
9.4.2.1　能组织评价活动
9.4.2.2　能获取评价信息
9.4.2.3　能作出价值判断
9.4.3　进行评价分析
9.4.3.1　能分析评价标准体系
9.4.3.2　能分析评价结果的有效性
9.4.3.3　能分析评价结果的真实性
9.4.4　反馈调整
9.4.4.1　能写出评价报告
9.4.4.2　能根据评价结果提出建议

*10　专业建设

10.1　制定专业发展规划

10.1.1　分析研究本专业的发展状况
10.1.2　制定本专业的发展建设规划

10.2　专业实习实训基地建设

10.2.1　校内专业实训基地建设
10.2.2　校外专业实习基地建设

10.3　专业课程建设

10.3.1　职业教育课程的开发
10.3.1.1　“工作过程导向”课程开发
10.3.1.2　“学习领域”课程开发
10.3.2　校本课程开发
10.3.3　精品课程建设

二、制冷和空调设备运用与维修专业教师实践能力标准

模块一　制冷基本技能

1　制冷仪表与工具的使用

1.1　常用仪表的构造、原理及使用

1.1.1　卤素检漏仪
1.1.1.1　知道卤素检漏仪的构造及原理
1.1.1.2　能使用袖珍卤素检漏仪并懂得一些注意事项
1.1.2　湿度计与压力表
1.1.2.1　能正确使用与识读湿度计
1.1.2.2　能正确使用与识读真空压力表

1.2　常用制冷专用工具及钳工工具

1.2.1　常用制冷专用工具及操作方法
1.2.1.1　能正确使用割管器
1.2.1.2　能正确使用封口钳
1.2.1.3　能正确使用扩管器
1.2.1.4　能正确使用弯管器
1.2.1.5　能正确使用复式修理阀
1.2.1.6　能正确使用制冷剂计量加液器
1.2.1.7　能正确使用真空泵抽真空
1.2.2　常用钳工工具及操作方法
1.2.2.1　能使用錾子并了解錾切金属的方法
1.2.2.2　能使用钢锯并了解锯切金属的方法
1.2.2.3　能使用锉刀并了解锉削金属的方法
1.2.2.4　能在金属件上钻孔、攻螺纹和套螺纹
1.2.2.5　能正确使用冲击钻

2　焊接技术

2.1　焊接前的准备

2.1.1　常用焊条及焊剂的选用

2.1.1.1 会选用焊条
2.1.1.2 会选用焊剂
2.1.2 焊接火焰的调节与氧气、乙炔、液化石油气的性能及使用方法
2.1.2.1 会调节焊接的火焰
2.1.2.2 认识氧气、乙炔、液化石油气的性能
2.1.2.3 能正确使用氧乙炔焊炬、氧气-液化石油气焊炬

2.2 焊接方法及安全注意事项

2.2.1 能正确焊接
2.2.2 懂得焊接的安全注意事项

2.3 焊接工艺

2.3.1 懂得焊接工艺和要求
2.3.2 懂得焊接操作要点
2.3.3 懂得焊接管道的注意事项

3 安全防护

3.1 健康与安全保障

3.1.1 能检查在学习和生活环境中可能出现的危害源并评估其危害程度
3.1.2 能采取有效措施预防危害健康与安全事故的发生
3.1.3 能及时、有效地处理意外事故
*3.1.4 能确定已采取的危害控制措施的有效性和可靠性
3.1.5 能协助骨干教师制定预防危害的措施
*3.1.6 能制定预防危害的措施
*3.1.7 能总结和评估预防和控制危害的措施的有效性
*3.1.8 能制定危害健康和安全的事故处置预案

3.2 健康与安全教育

3.2.1 能讲解学习和生活环境中健康与安全方面应遵循的守则
3.2.2 能讲解并示范本专业的安全操作程序和注意事项
3.2.3 能提供本专业相关的健康与安全案例资料
*3.2.4 能对学生进行健康和安全方面的培训
3.2.5 能发现并及时纠正学生违反健康安全规则的行为
*3.2.6 能总结归纳并向其他教师通报已发生的健康与安全事故、原因和控制措施
*3.2.7 能为其他教师提供健康与安全的培训

3.3 制冷施工作业安全

3.3.1 知道个人防护用具

3.3.2 知道安全用电和安全用气的方法
3.3.3 知道防火防爆的基本要求
3.3.4 知道高处作业的分级与分类
3.3.5 知道高处作业施工的基本安全要求
3.3.6 知道使用梯子的攀登施工作业的方法
3.3.7 知道悬空施工作业的方法
3.3.8 懂得手持电动工具的操作安全
3.3.9 知道安装施工现场的防火安全规范
3.3.10 知道高层建筑的通风与防火排烟

模块二 制冷电控电路

1 制冷电控电路工具的使用及识别电路

1.1 使用电子电工仪表和工具

1.1.1 能使用常用电工仪表
1.1.2 能检测常见电控电路元件
1.1.3 能使用常见制冷低压电子元件
1.1.4 能检测常用制冷电动机

1.2 识别一般的制冷电器控制电路

1.2.1 了解制冷常用基本控制电路的正确连接方法
1.2.2 知道制冷常用基本控制电路的工作原理

2 制冷电控电路的检测与故障排除

2.1 检查制冷电控系统

2.1.1 知道如何进行制冷电控系统的检查
2.1.2 能正确检查制冷电器元件

*2.2 排除制冷电控电路故障

2.2.1 能正确识别与连接制冷电控基本电路
2.2.2 能正确判断一般制冷电控电路故障
2.2.3 能对中小型商业制冷与空调设备的自动化控制电路进行检修

*2.3 测量比较复杂的制冷电器控制线路

2.3.1 能正确测量制冷电器控制电路

2.3.2 能正确识别与连接制冷电控电路
2.3.3 能正确排除制冷电控电路故障
2.3.4 能懂得变频空调控制电路的工作机理
2.3.5 能对变频空调具体电路进行具体测量分析

***2.4 分析和检测中小型制冷装置电器控制线路**

2.4.1 能够进行电路、输出驱动电路及I/O口的检测及外围电路复杂故障判断与排除
2.4.2 能够将单片机应用于中小型制冷装置

***2.5 掌握制冷系统的电子控制线路**

2.5.1 能够进行变频空调器故障判断与排除
2.5.2 能够进行空调器单片机芯板电路的信息采集

*3 制冷系统调节及可编程序控制器

3.1 掌握制冷系统中电器调节技术

3.1.1 能够应用各类自动控制元件
3.1.2 能够将变频技术应用于制冷装置控制中

3.2 应用制冷系统的PLC可编程序控制器

3.2.1 能够将PLC可编程序控制器应用于制冷装置控制中
3.2.2 能对PLC可编程序控制器进行维修

模块三 制冷系统

1 中小型制冷系统的识别、维护与操作

1.1 识别中小型制冷系统

1.1.1 能正确识别各种类型电冰箱的制冷系统
1.1.2 能正确识别各种类型空调器的制冷系统
1.1.3 能正确识别其他中小型制冷系统

1.2 维护保养中小型制冷系统

1.2.1 能对中小型制冷、制热系统进行试压、清洁
1.2.2 能对中小型制冷、制热系统进行抽真空、充注制冷剂
1.2.3 能对中小型制冷、制热系统进行检漏等常规维护保养操作

1.3 操作和调节中小型制冷系统

1.3.1 能操作与调节风冷式（间冷式）电冰箱制冷系统

1.3.2 能操作与调节空调器制冷系统

1.3.3 能操作与调节轿车空调制冷系统

1.3.4 能操作与调节小型冷库制冷系统和一机多库制冷系统

2 中小型系统的维修与故障排除

2.1 掌握中小型制冷系统的维修基本知识

2.1.1 能对风冷式电冰箱制冷系统进行简单维修

2.1.2 能对空调器制冷系统进行简单维修

2.1.3 能对轿车空调制冷系统进行简单维修

2.1.4 能对小型冷库和一机多库制冷系统进行简单维修

*2.2 维修调试中小型制冷系统

2.2.1 能对低温箱进行维修与调试

2.2.2 能对空调器（包括变频空调进行维修与调试）

2.2.3 能对电冰箱及其他中小型商业制冷与空调设备进行维修与调试

*2.3 判断和排除中小型制冷系统故障

2.3.1 能对低温箱进行故障判断与排除

2.3.2 能对空调器（包括变频空调）进行故障判断与排除

2.3.3 能对电冰箱及其他中小型商业制冷与空调设备进行故障判断与排除

*2.4 判断和排除较复杂的制冷系统故障

2.4.1 能判断与排除空调器制冷系统中较为复杂的故障

2.4.2 能判断与排除低温箱制冷系统中较为复杂的故障

2.4.3 能够判断与排除车用空调制冷系统中较为复杂的故障

3 制冷系统的运行、调试与改造

*3.1 技术分析、运行管理单级、双级、复叠压缩制冷系统

3.1.1 能够进行小型冷库的初步设计

3.1.2 能够运行管理冷冻站制冷系统

3.1.3 能够制定安全操作规程

3.1.4 应用新型制冷剂替代物和碳氢化合物制冷剂等新材料

3.1.5 懂得制冷系统的节能运行、高效运行

*3.2 调试与改造系统

3.2.1 能够调试与改造空调器、商用冷柜、低温箱制冷系统
3.2.2 能够匹配、选型、组织施工和验收冷库的制冷系统及水系统

*4 制冷系统的疑难故障排除、技术管理与经济核算

4.1 排除制冷系统的疑难杂症

4.1.1 能够排除电冰箱制冷系统的疑难杂症
4.1.2 能够排除空调器制冷系统的疑难杂症
4.1.3 能够排除其他制冷系统的疑难杂症

4.2 进行制冷系统的技术管理与经济核算

4.2.1 能够进行材料与人工的管理
4.2.2 能够进行制冷与空调工程的经济技术管理
4.2.3 能够考虑能效等级

4.3 负责培训、指导制冷设备维修工的工作

4.3.1 能够以授课、现场操作演示的方式对低等级制冷设备维修工进行培训和指导
4.3.2 能够以实际工程项目的方式对低等级制冷设备维修工进行培训和指导

模块四 制冷设备

设备一 电冰箱

1 电冰箱的构造

1.1 知道电冰箱的分类方法

1.2 知道电冰箱的型号表示及含义

1.3 知道电冰箱的主要规格和参数

1.4 电冰箱的箱体结构

1.4.1 能识别各类电冰箱构造的各个部件

1.4.2　能对各类电冰箱进行拆装

2　电冰箱的维修

2.1　电冰箱电器系统的维修

2.1.1　修理电冰箱的准备工作

2.1.1.1　知道修理电冰箱需掌握的技术资料

2.1.1.2　知道修理电冰箱需要的仪表和设备

2.1.2　电冰箱故障的判断

2.1.2.1　知道电冰箱制冷系统正常工况

2.1.2.2　懂得故障分析和判断的基本准则

2.1.2.3　知道非正常现象的分析判断

2.1.2.4　能对电器系统故障进行判断

2.1.2.5　能对制冷系统一次故障进行分析

2.1.2.6　能对制冷系统二次故障进行判断

2.1.3　电冰箱控制系统故障的判断与排除

2.1.3.1　能对蒸气压力式温度控制器进行调试

2.1.3.2　知道蒸气压力式温度控制器常见故障及处理方法

2.1.3.3　知道电子温控电路的常见故障

2.1.3.4　懂得电子温控电路故障的判断方法

2.1.3.5　能检测自动除霜电路元件的好坏，知道该元件损坏时的相应故障现象

2.2　电冰箱制冷系统的维修

2.2.1　维修制冷系统的准备工作

2.2.1.1　认识更换制冷零部件的原则

2.2.1.2　会进行电冰箱制冷系统的基本修理操作

2.2.2　制冷系统故障的维修

2.2.2.1　会进行家用电冰箱的开背修理

2.2.2.2　会进行家用电冰箱全封闭制冷压缩机的修理

2.2.2.3　能对电冰箱制冷系统进行检漏与抽真空

2.2.2.4　会对电冰箱充注制冷剂

2.2.2.5　能对修理好的电冰箱进行性能试验

设备二　家用空调器

1　家用空调器的构造

1.1 知道家用空调器的分类方法

1.2 知道各类家用空调器的型号表示及含义

1.3 知道各类家用空调器的主要规格和参数

1.4 各类家用空调器的结构

1.4.1 窗式空调器的结构及主要零部件性能
1.4.1.1 知道单冷型窗式空调器的结构特点
1.4.1.2 知道热泵型冷热两用窗式空调器结构特点
1.4.1.3 知道电热型冷热两用窗式空调器结构特点
1.4.2 分体式空调器的结构特点
1.4.2.1 知道壁挂式空调器的室内机组结构
1.4.2.2 知道壁挂式空调器的室外机组结构
1.4.3 柜式空调器的结构特点
1.4.3.1 知道柜式空调器的室内机组结构
1.4.3.2 知道柜式空调器的室外机组结构

2 家用空调的安装与维修及保养

2.1 空调器的安装

2.1.1 空调器安装前的准备
2.1.2 能安装窗式空调器
2.1.3 能安装分体式空调器
2.1.4 能对分体式空调器进行试运转
2.1.5 能安装柜式空调器并进行试运转

2.2 空调器的维修

2.2.1 空调器制冷系统的检修
2.2.1.1 能对空调器制冷系统进行检漏
2.2.1.2 会充注制冷剂
2.2.1.3 会充注冷冻机油
2.2.1.4 能对空调器进行拆装和对零部件进行更换
2.2.2 空调器电控系统的检修
2.2.2.1 能对电动机进行检修
2.2.2.2 能检查电器线路
*2.2.3 空调器常见故障分析与处理

2.2.3.1　能对空调器制冷压缩机不运转的故障进行分析与处理

2.2.3.2　能对风扇、制冷压缩机均运转，但空调器不制冷也不制热的故障进行分析与处理

2.2.3.3　能对空调器虽然制冷，但制冷效果不佳的故障进行分析与处理

2.2.3.4　能对空调器供暖效果不佳的故障进行分析与处理

2.2.3.5　能对空调器除湿效果差的故障进行分析与处理

2.2.3.6　能对异常噪声故障进行分析与处理

2.3　能对空调器进行清洗与消毒

设备三　中央空调

1　中央空调的构造

1.1　能识别中央空调系统的分类

1.2　认识中央空调系统的组成

1.2.1　中央空调系统的主要部件

1.2.1.1　知道喷水室的结构特点

1.2.1.2　知道表面式空气热交换器的结构

1.2.1.3　会使用空气加湿的方法及加湿设备

1.2.1.4　会使用空气去湿的方法及去湿设备

1.2.2　压缩式制冷系统的辅助设备

1.2.2.1　知道中央空调冷凝器的结构

1.2.2.2　知道中央空调蒸发器的结构

1.2.2.3　知道中央空调节流装置的种类

1.2.2.4　懂得中央空调其他辅助设备

1.3　懂得风机盘管式空气调节系统

1.4　各类中央空调的结构

1.4.1　中央空调系统的水系统

1.4.1.1　懂得冷媒水系统的结构特点

1.4.1.2　懂得冷却水系统的结构特点

1.4.1.3　能识别冷媒水系统的分类

1.4.1.4　知道冷却塔的结构特点

1.4.1.5　知道水泵的结构特点
1.4.2　空气调节系统的冷源
1.4.2.1　知道活塞式制冷压缩机
1.4.2.2　知道离心式制冷压缩机
1.4.2.3　知道螺杆式制冷压缩机
1.4.2.4　知道吸收式制冷机
1.4.2.5　知道溴化锂吸收式制冷机组的基本参数与能量调节
1.4.2.6　懂得热水与直燃型溴化锂吸收式机组的工作原理
1.4.2.7　能对各类制冷机进行选型

1.5　中央空调风系统的结构与测量

1.5.1　懂得均匀送风
1.5.2　知道风口
1.5.3　知道新风系统

2　中央空调的安装与维修及保养

2.1　中央空调的安装与调试

2.1.1　中央空调安装前的准备
2.1.2　能安装中央空调系统
2.1.3　能对安装好的中央空调系统进行试运行的操作
2.1.4　能根据试运行的情况进行制冷性能的调试

*2.2　中央空调的维修

2.2.1　中央空调电控系统的检修
2.2.1.1　能对电动机进行检修
2.2.1.2　能检查电控线路
2.2.1.3　能检查复杂的电器控制系统
2.2.2　中央空调常见故障分析与处理
2.2.2.1　能对中央空调制冷压缩机不运转的故障进行分析与处理
2.2.2.2　能对中央空调不制冷的故障进行分析与处理
2.2.2.3　能对中央空调虽然制冷，但制冷效果不佳的故障进行分析与处理
2.2.2.4　能对中央空调供暖效果不佳的故障进行分析与处理
2.2.2.5　能对中央空调异常噪声故障进行分析与处理
2.2.2.6　能对空调区域冷暖不均的故障进行分析与处理
2.2.2.7　能对空调区域空气不清洁的故障进行分析与处理
2.2.2.8　能对冷量不足的故障进行分析与处理

★2.3 懂得中央空调的节能运行

设备四 冷库

1 冷库的构造

1.1 知道冷库的分类方法

1.2 知道各类冷库的型号表示及含义

1.3 知道各类冷库的主要规格和参数

1.4 各类冷库的结构

1.4.1 能识别各类冷库的构造和各个部件的结构
1.4.2 能对各类冷库构造的各个部件进行拆装

2 冷库的设计与计算

★2.1 冷库的设计

2.1.1 制冷系统方案的确定
2.1.2 制冷系统的构成
2.1.3 制冷系统的完善化
2.1.4 制冷系统的方案设计

★2.2 冷库的计算

2.2.1 库房耗冷量的计算
2.2.1.1 能够进行工艺资料与计算参数的选择
2.2.1.2 能够进行外围护结构耗冷量的计算
2.2.1.3 能够进行货物耗冷量的计算
2.2.1.4 能够进行通风换气耗冷量的计算
2.2.1.5 能够进行电动机运转耗冷量的计算
2.2.1.6 能够进行操作管理耗冷量的计算
2.2.1.7 能够进行耗冷量的汇总

★2.3 机器设备的选型与计算

2.3.1 能够进行制冷压缩机的选型计算

2.3.2 能够进行冷凝器和冷却设备的选型计算
2.3.3 能够进行膨胀阀的选型计算
2.3.4 能够进行辅助设备的选型计算

设备五　汽车空调

1　汽车空调的认识

1.1　汽车空调的结构认识

1.1.1 认识汽车空调及其发展历程
1.1.2 懂得汽车空调系统的组成与分类
1.1.3 懂得汽车空调系统的功能
1.1.4 认识汽车空调系统的特点
1.1.5 懂得汽车空调的性能评价指标

1.2　汽车空调的操纵与使用

1.2.1 懂得人工控制面板操纵键的功能及使用
1.2.2 懂得自动控制面板操纵键的功能及使用

2　汽车空调制冷系统

2.1　制冷系统的组成及工作原理

2.1.1 认识制冷剂
2.1.2 认识汽车空调制冷系统作用、组成及分类
2.1.3 能懂得汽车空调制冷系统的工作原理

2.2　汽车空调压缩机拆装及检修

2.2.1 懂得制冷压缩机的拆装及维修
2.2.2 懂得冷冻机油的拆装及维修

2.3　蒸发器、冷凝器

2.3.1 认识蒸发器
2.3.2 认识冷凝器

2.4　膨胀阀、干燥过滤器、膨胀节流管、集液器

2.4.1 认识膨胀阀

2.4.2 认识贮液干燥过滤器
2.4.3 认识膨胀节流管
2.4.4 认识集液器

2.5 管路及接头

*3 汽车空调通风与取暖系统

3.1 通风、净化、配气系统

3.1.1 认识汽车空调通风系统
3.1.2 认识汽车空调净化系统
3.1.3 认识汽车空调配气系统
3.1.4 懂得实训内容、步骤

3.2 暖风系统

3.2.1 知道汽车空调取暖系统的组成及其工作原理
3.2.2 认识汽车空调风机
3.2.3 懂得汽车空调实训内容、步骤

*4 汽车空调系统的维护及综合故障的诊断与排除

4.1 汽车空调系统的维护

4.1.1 知道汽车空调系统的日常维护方法
4.1.2 懂得汽车空调系统的定期维护方法

4.2 汽车空调系统综合故障的诊断与排除

4.2.1 懂得如何对轿车空调（冷气）系统常见故障进行诊断与排除
4.2.2 懂得如何对轿车空调（暖气）系统常见故障进行诊断与排除
4.2.3 懂得如何对轿车空调（操纵）系统常见故障进行诊断与排除

模块五　四新技术

1 制冷技术的发展与应用

1.1 制冷的基本概念与技术分类

1.1.1 知道制冷的基本概念

1.1.2 懂得制冷技术的划分

1.1.3 知道制冷技术的研究内容和理论基础

1.2 知道制冷与空调的历史与发展

1.3 懂得制冷技术的应用

2 制冷新方法

2.1 知道常见的制冷新方法

2.2 懂得具体制冷新方法的工作原理

3 新型制冷剂与环保

3.1 懂得新型制冷剂的种类和符号表示

3.2 懂得选择新型制冷剂

3.3 知道环境影响的指标

3.4 知道新型制冷剂的物理、化学性质

3.5 知道新型混合制冷剂的使用及注意事项

3.6 懂得回收新型制冷剂

3.7 制冷循环

3.7.1 懂得单程循环的原理

3.7.2 懂得多程循环的原理

4 制冷新技术与新工艺

4.1 半导体制冷技术

4.1.1 知道半导体制冷技术的起源

4.1.2 懂得半导体制冷片的制冷原理

4.1.3 懂得制冷片的技术应用
4.1.4 知道半导体冰箱

4.2 热声制冷技术

4.2.1 知道热声学的发展历史和研究现状
4.2.2 懂得热声制冷原理
4.2.3 知道热声制冷机的类型
4.2.4 知道热声制冷机的发展前景

4.3 太阳能制冷技术

4.3.1 知道我国太阳能空调的发展过程
4.3.2 知道太阳能空调的意义
4.3.3 知道太阳能空调的优点
4.3.4 知道太阳能空调在现阶段的局限性
4.3.5 太阳能制冷系统
4.3.5.1 知道太阳能制冷的基本概念及分类
4.3.5.2 懂得太阳能半导体制冷的工作原理和基本结构
4.3.5.3 知道太阳能溴化锂吸收式制冷系统的技术
4.3.5.4 知道太阳能半导体制冷的关键问题

4.4 电冰箱新技术

4.4.1 节能、环保和降噪
4.4.1.1 知道线性压缩机
4.4.1.2 懂得电冰箱压缩机电动机扭矩控制技术
4.4.1.3 知道双压缩机电冰箱
4.4.1.4 知道变频技术与模糊控制
4.4.2 抗菌和除臭
4.4.2.1 懂得发光二极管保鲜技术
4.4.2.2 知道除臭光触媒片的使用
4.4.2.3 懂得电冰箱银离子技术
4.4.2.4 懂得“门送冷”保鲜技术
4.4.2.5 懂得正负离子群（即派离克）保鲜技术
4.4.2.6 懂得钛光抗菌保鲜技术
4.4.2.7 懂得速冻保鲜技术
4.4.2.8 懂得冰箱除臭保鲜技术
4.4.3 知道双温双流程多重冷流风直冷混合式电冰箱
4.4.4 知道多重冷流多间室电冰箱和迷你型电冰箱
4.4.5 知道网络化电冰箱

4.5 空调新技术

4.5.1 懂得网络控制技术
4.5.2 懂得冷触媒技术
4.5.3 懂得光触媒技术
4.5.4 懂得纳米杀菌技术
4.5.5 懂得体感温度控制技术
4.5.6 懂得无病害健康技术

4.6 汽车空调新技术

4.6.1 汽车空调制冷剂应用现状及未来发展
4.6.1.1 知道制冷剂对大气环境的影响
4.6.1.2 知道制冷剂 HFC134a 的替代
4.6.1.3 知道天然制冷剂的应用
4.6.1.4 知道发展趋势
4.6.2 客车空调节能技术
4.6.2.1 知道国内客车空调业的现状
4.6.2.2 知道客车空调节能技术的研究方向

模块六 参观与企业实践

1 制冷和空调企业参观

1.1 企业（或公司）简介及管理制度

1.2 懂得企业文化与管理艺术

1.3 懂得企业先进技术并会操作先进设备

1.4 知道生产工艺流程

1.5 知道岗位规范、人才需求等

2 制冷职业学校参观

2.1 学校简介及管理制度

2.2 知道同行学校的教学设备

2.3 能学习同行学校的教学管理艺术

2.4 教学示范、观摩与评价

***2.5 懂得学习与调研**

3 制冷教学设备工厂参观

3.1 知道制冷职业教学设备的购置与建设

***3.2 能筹建制冷职业实验实训室**

4 企业实践

4.1 知道建立中职学校教师到企业实践制度的重要性

4.2 懂得中职学校教师到企业实践的要求与主要内容

4.3 懂得中职学校教师到企业实践的主要形式与组织管理方法

4.4 相关实践内容

4.4.1 知道生产工艺流程
4.4.2 会操作与使用先进设备
*4.4.3 会检测和处理生产设备故障

第二部分

制冷和空调设备运用与维修专业教师培训方案

一、培训目的

为提高中等职业学校制冷和空调设备运用与维修专业教师的教学能力和水平，促进教师专业能力发展，根据《国务院关于大力发展职业教育的决定》（国发〔2005〕35 号）和《教育部、财政部关于实施中等职业学校教师素质提高计划的意见》（教职成〔2006〕13 号）的精神，特制定《中等职业学校制冷和空调设备运用与维修专业教师培训方案》。通过培训，使接受培训的教师在包括政治思想和职业道德水准、专业教学能力与专业实践能力、教学研究水平和科学研究能力等方面的综合素质有显著提高，使之成为具有高素质、高水平，具有终身学习能力和教育创造能力，在教学实践中发挥示范作用的中等职业学校的“双师（能）型”专业骨干教师。

二、培训对象

根据制冷和空调设备运用与维修专业教师的从教生涯，从培训的角度，可以将制冷和空调设备运用与维修专业的教师分为上岗、提高和骨干三个层级。三个层级的界定如下：

1. 上岗层级教师的界定

学历达标，已获得教师资格证；刚从大学毕业，或从文化课和其他相近专业转岗的教师，并且未从事过本专业理论、实验、实训教学。

2. 提高层级教师的界定

已经是本专业的合格教师，希望通过培训提高水平与能力，向骨干教师目标努力的教师。

3. 骨干层级教师的界定

已经是本专业的带头人或骨干教师。

三个层级的基本要求及层次划分原则可根据表 1 来执行。

表 1　三个层级基本要求及层次划分原则表

能力要素	上岗层级教师	提高层级教师	骨干层级教师
1. 职责范围	辅助教学	独立教学	教学管理
2. 规模	一个班	一个年级	多个年级
3. 准备工具	能正确选择基本设备和工具	能熟练使用各类设备和工具	能维修多种设备和工具
4. 准备场地	能选择和使用	能创造一般情景	能发现新情境领域

（续）

能力要素	上岗层级教师	提高层级教师	骨干层级教师
5. 预演	能协助完成预演	能独立完成预演	能组织小组预演
6. 学生管理	能与学生融洽地合作	能充分调动学生的积极性	能解决学生的疑难问题、处理意外
7. 专业知识水平	基本具备制冷知识	基础知识牢固	知识灵活用于解决实际问题
8. 掌握先进教学技术	掌握完成自己教学工作的必要工具	掌握先进的教学技术手段	了解国内外先进教学技术的发展情况
9. 企业合作能力	经常走访相关企业	深入了解企业	与企业合作项目
10. 团队合作能力	集体利益高于个人利益	有效组织领导一个团队	能不断改进团队合作
11. 个人素质	具有法律意识、知识产权意识、责任意识、公共道德意识、科学发展观，热爱教育事业	具有辩证思维能力和创造精神，忘我工作	具有唯物主义世界观，具有适当处理国内外合作的能力

注：三个层级中，较高层级的能力要求应包括较低层级的能力要求。

三、培训目标

通过对制冷和空调设备运用与维修专业的专业知识和技能、专业教学法、企业实践等的学习和实践，在培训中体现对制冷专业教师各种专业知识和技能的培养。

以中等职业学校制冷和空调设备运用与维修专业的教师教学能力标准为基础，展开对制冷和空调设备运用与维修专业教师的培训。通过培训，原则上达到以下要求：

1. 上岗层级教师

1）了解中等职业学校制冷专业教育本质特点。
2）了解该专业上岗教师在知识、技能和职业教育教学法方面的综合素质。
3）了解上岗教师的实践教学能力在制冷设备方面的应用。
4）利用先进的教育理念完成制冷专业的教学内容。
5）了解基本的教学方法，掌握一到两种教学方法，实施制冷设备培训教学。
6）能够了解基本的教学媒体。

2. 提高层级教师

1）基本把握职业教育本质特点，理解制冷专业职业教育与其他相关学科的关联。

2）能根据需要选取教学内容，并独立保质保量完成制冷专业教学活动。

3）能够进行制冷教学计划的具体设计、实施与评价。

4）能够进行教学资料、媒体、专业实验室及实训场所的需求分析、收集、整理、建设与应用。

5）理解专业教学法的内涵，掌握各种专业教学方法。

6）掌握职业分析方法，能够运用工作分析方法对具体岗位和工作过程进行分析；能够通过分析获取制冷岗位对在岗技术工人所需的知识、技能要求。

7）具备较熟练、较全面的制冷设备技术应用岗位所涉及的实践操作技能。

通过实践教学能力、先进的职业教育理念和先进的教学方法，形成开展职业教育教学法研究的能力。

3. 骨干层级教师

1）深刻把握制冷专业职业教育的本质特点，理解教学实践和制冷工作实践的“双重”实践能力。

2）根据不同教学情境熟练地完成教学活动，善于把工作岗位及工作过程转换为学习环境，开拓学生在制冷专业的工作中学习的可能性。

3）善于开发专业教学中的学习工作任务。

4）熟练运用工作分析方法，将岗位分析的结果归类、重组并形成新的教学内容。

5）系统地进行技术、工作，以及职业教育过程的分析、组织与评价。

6）能够统筹总领课题项目研究，设计研究方案，控制研究过程，形成研究成果并推广实施。

7）具备熟练、全面的制冷专业岗位群所涉及的实践操作技能。

使培训对象学会先进的教学方法，形成开展职业教育科学研究的能力，成为具有高素质、高水平，具有终身学习能力和教育创造能力，在教学实践中发挥示范作用的中等职业学校的专业骨干教师。

四、培训内容

通过调研，培训内容确定为教育类、专业类与企业实践类三大方面。

1. 教育类

就业导向和能力本位的职业教育目标是为了培养学生的综合职业能力，为此提倡以学生为中心的、行动导向的职业教育教学方法。采用项目教学法、任务驱动教学法、小组学习法、实验教学法、案例分析法，并通过多媒体技术的应用、虚拟实验技术的引入、虚拟工作环境的建立，为职教师资的教学实训创设新的学习场景。通过上述先进的教学方法和现代化的教育技术的学习，使受训教师在接受培训的过程中学会先进的教学理论与方法。

2. 专业类

主要课程包括电冰箱的组装、调试与维修、空调器的安装调试与维修、中央空调结构与维修技术、中央空调智能考核系统及实训、变频空调的原理与维修、变频空调智能考核系统及实训、先进的和前沿的制冷技术应用讲座等。同时还包括学校实训中心实训项目，职业技能等级考证等。

3. 企业实践类

了解实习企业在行业中的现状与发展，企业生产设备的先进技术、管理制度与生产工艺流程、先进设备的操作与使用、检测和处理生产设备故障、人才需求与知识结构等。

而内容的组织采用模块化，三个不同层次模块化具体培训内容与相应的要求见表2。

表2 模块化具体培训内容

模块	1. 上岗层级教师	2. 提高层级教师	3. 骨干层级教师
教师职业道德规范	① 培养教师健康的人格、高尚的人品、容事的气度、开阔的眼界、独立的见识、宽广的胸怀、积极的心态 ② 忠于事业，培养教师正确处理事业需要与个人利益的关系，具有高度的事业心、责任感和奉献精神，严谨治学、勤于进取 ③ 培养教师，使之能够了解学生的特点和需要，尽量能够做到因材施教 ④ 培养教师能够正确评价个人的作用，尊重他人的劳动，加强同行之间的交流与协作，彼此互勉共进；关心集体，维护学校的整体利益与荣誉	① 培养教师健康的人格、高尚的人品、容事的气度、开阔的眼界、独立的见识、宽广的胸怀、积极的心态 ② 忠于事业，培养教师正确处理事业需要与个人利益的关系，具有高度的事业心、责任感和奉献精神，严谨治学、勤于进取 ③ 培养教师热爱学生的品质，掌握学生的特点和需要，能够做到因材施教 ④ 培养教师能够正确评价个人的作用，尊重他人的劳动，加强同行之间的交流与协作，彼此互勉共进；关心集体，维护学校的整体利益与荣誉	① 培养教师健康的人格、高尚的人品、容事的气度、开阔的眼界、独立的见识、宽广的胸怀、积极的心态 ② 忠于事业，培养教师正确处理事业需要与个人利益的关系，具有高度的事业心、责任感和奉献精神，严谨治学、勤于进取 ③ 培养教师热爱学生的品质，掌握学生的特点和需要，能够做到因材施教 ④ 培养教师能够正确评价个人的作用，尊重他人的劳动，加强同行之间的交流与协作，彼此互勉共进；关心集体，维护学校的整体利益与荣誉
现代职业教育概论	① 指导教师初步了解职业教育对社会发展的重要意义 ② 培养教师分析教学中各种因素之间的本质联系 ③ 培养教师理解职业教育的社会责任和发展趋势	① 指导教师初步了解职业教育对社会发展的重要意义 ② 培养教师正确快速地分析教育各因素之间的本质联系，并加以运用 ③ 培养教师观察职业教育的社会责任和发展趋势 ④ 培养教师运用科学发展观等先进理论指导教学工作	① 指导教师初步了解职业教育对社会发展的重要意义 ② 培养教师正确快速地分析教育各因素之间的本质联系，并加以运用 ③ 培养教师预测职业教育的社会责任和发展趋势 ④ 培养教师运用科学发展观等先进理论指导教学工作，并指导新教师和提高层级教师

（续）

模块	1. 上岗层级教师	2. 提高层级教师	3. 骨干层级教师
现代教育技术应用	① 指导教师掌握多媒体教学设备及软件 ② 培养教师通过多种媒介，如手机、网络等，与学生和家长建立联系和沟通 ③ 指导创建现实情境，培养学生解决各种问题的能力	① 指导教师掌握多媒体教学设备及软件 ② 培养教师通过多种媒介，如手机、网络等，与学生和家长建立联系和沟通 ③ 指导创建现实情境，培养学生解决各种问题的能力	① 指导教师掌握多媒体教学设备及软件 ② 培养教师通过多种媒介，如手机、网络等，与学生和家长建立联系和沟通 ③ 指导创建现实情境，培养学生解决各种问题的能力
职业教育专业教学方法	① 培养教师根据中职学生的认知特点决定教学难度和教学方式 ② 培养教师在教学过程中，使学生不仅做到听和看，还要做到练 ③ 指导教师评价学生的学习效果时，要从实际应用的角度多方面考量	① 培养教师根据中职学生的认知特点决定教学难度和教学方式 ② 培养教师在教学过程中，使学生不仅做到听和看，还要做到练 ③ 指导教师评价学生的学习效果时，要从实际应用的角度多方面考量 ④ 指导教师运用自己的实际教学经验，根据学生实际，设计出最适宜的教学方法和教学模式	① 培养教师根据中职学生的认知特点决定教学难度和教学方式 ② 培养教师在教学过程中，使学生不仅做到听和看，还要做到练 ③ 指导教师评价学生的学习效果时，要从实际应用的角度多方面考量 ④ 指导教师运用自己的实际教学经验，根据学生实际，设计出最适宜的教学方法和教学模式，并指导其他教师工作
职业教育心理学	① 培养教师了解心理学的基本原理 ② 培养教师了解青少年心理发展的特点，注重培养学生的心理健康 ③ 培养教师了解中职学生智力发展的特点，针对形象思维能力与抽象思维的特点设计课程的内容和教学方法 ④ 培养教师了解中职学生缺乏自信的心理特点，注重鼓励方式，使学生获得成就感，增强其自信心	① 进一步加强教师对心理学基本原理的理解和应用能力 ② 加强教师对青少年心理的观察和了解能力，能够更加及时和有针对性地对学生进行心理指导 ③ 加强教师对学生学习心理特点和智力发展特点的理解，并根据情况进行指导和教学 ④ 初步进行教师教学心理的研究和评价，找出其特点并进行应用	① 使教师掌握心理学的一般原理并能够比较灵活地应用其分析实际问题 ② 加强教师对青少年心理的观察和了解能力，能够更加及时和有针对性地对学生进行心理指导 ③ 加强教师对学生学习心理特点和智力发展特点的理解，并根据情况进行指导和教学 ④ 培养教师研究和评价教师教学心理，指导其他教师进行改进和提高对学生心理和自身心理的研究、观察能力
企业生产工艺管理与文化	① 培养教师了解制冷与空调企业现代化管理与文化 ② 培养教师初步指导学生树立正确的职业观和价值观，规划职业发展方向 ③ 培养教师初步掌握制冷设备生产和维修的工作过程导向分析方法 ④ 培养教师具有使用工作过程导向法制作典型制冷设备生产和维修实验课件开发的能力	① 培养教师了解制冷与空调的企业现代管理与文化 ② 培养教师指导学生树立正确的职业观和价值观，规划职业发展方向 ③ 培养教师掌握制冷设备生产和维修的工作过程导向分析方法，并初步具备实施工作过程教学课件的能力 ④ 培养教师具有使用工作过程导向法制作典型制冷设备生产和维修实验课件开发的能力，并初步具备应用工作过程导向实验课件的能力	① 培养教师了解制冷与空调方面的企业现代管理与文化 ② 培养教师指导学生树立正确的职业观和价值观，规划职业发展方向 ③ 培养教师掌握制冷设备生产和维修的工作过程导向分析方法，并初步具备实施工作过程教学课件的能力 ④ 培养教师具有使用工作过程导向法制作典型制冷设备生产和维修实验课件开发的能力，并初步具备应用工作过程导向实验课件的能力 ⑤ 培养教师指导其他教师进行职业发展与劳动组合分析模块的能力

（续）

模块	1. 上岗层级教师	2. 提高层级教师	3. 骨干层级教师
四新技术	① 邀请制冷领域专家、教授进行讲座，培养教师通过各种渠道及时了解制冷领域的新技术发展状况 ② 邀请一线优秀工程师进行讲座，使教师了解实际最新应用的新工艺 ③ 邀请制冷材料领域的专家、教授进行讲座，使教师了解制冷材料的最新发展状况 ④ 邀请制冷设备方面的专家、教授进行讲座，使教师了解制冷新设备的最新发展和应用状况	① 邀请制冷领域专家、教授进行讲座，培养教师通过各种渠道及时了解制冷领域的新技术发展状况，并及时学习新技术的应用 ② 邀请一线优秀工程师进行讲座，使教师了解实际最新应用的新工艺 ③ 邀请制冷材料领域的专家、教授进行讲座，使教师了解制冷材料的最新发展状况 ④ 邀请制冷设备方面的专家、教授进行讲座，使教师了解制冷新设备的最新发展和应用状况	① 邀请制冷领域专家、教授进行讲座，培养教师通过各种渠道及时了解制冷领域的新技术发展状况，并及时学习新技术的应用 ② 邀请一线优秀工程师进行讲座，使教师了解实际最新应用的新工艺，并理解其原理和应用 ③ 邀请制冷材料领域的专家、教授进行讲座，使教师了解制冷材料的最新发展状况 ④ 邀请制冷设备方面的专家、教授进行讲座，使教师了解制冷新设备的最新发展和应用状况，并了解其原理和应用
专业理论知识	① 使教师熟练掌握制冷专业的七大专业课（包括制冷设备（电冰箱、空调器、中央空调器、冷库、汽车空调器）、制冷电气、制冷原理）中的三门，并能够在教学实践中熟练应用和进行实际问题的分析，其余初通 ② 熟悉不同制冷方法的相应制冷设备，了解设备组成、特点和基本原理 ③ 了解制冷的基本原理、基本理论及各种制冷方法独特的具体原理	① 使教师熟练掌握制冷专业的七大专业课（包括制冷设备（电冰箱、空调器、中央空调器、冷库、汽车空调器）、制冷电气、制冷原理）中的四门，并能够在教学实践中熟练应用和进行实际问题的分析，其余初通 ② 熟悉不同制冷方法的相应制冷设备，了解设备组成、特点和基本原理 ③ 了解制冷的基本原理、基本理论及各种制冷方法独特的具体原理	① 使教师熟练掌握制冷专业的七大专业课（包括制冷设备（电冰箱、空调器、中央空调器、冷库、汽车空调器）、制冷电气、制冷原理），并能够在教学实践中熟练应用和进行实际问题的分析 ② 熟悉不同制冷方法的相应制冷设备，了解设备组成、特点和基本原理 ③ 了解制冷的基本原理、基本理论及各种制冷方法独特的具体原理并可以利用原理分析制冷过程和现象
专业技能与技能考证	① 熟练掌握相关课程教材中的实验 ② 熟练掌握制冷和空调的全部相关知识和实训操作，能够读识电路图，使用和管理常用制冷设备，按照工艺要求设计实训方案并对实验结果进行分析评判和处理 ③ 能够对学生制冷和空调生产学习进行前期准备、过程指导和水平鉴定，实际操作达到制冷设备维修中级工培训的标准	① 熟练掌握相关课程教材中的实验 ② 熟练掌握制冷和空调的全部相关知识和实训操作，在掌握上岗级教师培训内容的基础上，进行制冷工艺的研究和开发，编制实训案例 ③ 能够对学生制冷和空调生产学习进行前期准备、过程指导和水平鉴定，达到制冷设备维修高级工考核培训的标准，并能在一定程度上指导新上岗教师的实际工作	① 熟练掌握相关课程教材中的实验 ② 在掌握各种普遍使用制冷设备的相关知识和实训操作的基础上，能够掌握各种先进的和特殊的制冷设备、制冷工艺、制冷原理等，如制冷的四新技术 ③ 能够对学生制冷实训学习进行前期准备、过程指导和水平鉴定，达到制冷设备维修技师考核培训的标准，并能在一定程度上指导新上岗教师和提高级教师的实际工作和进行成果鉴定

（续）

模块	1. 上岗层级教师	2. 提高层级教师	3. 骨干层级教师
企业实践	① 通过工厂实地参观交流，了解各种制冷方法的应用情况，在参观过程中与工厂的技术人员和指导人员进行现场交流和咨询，在参观后进行问题的整理并汇报 ② 通过企业实践培训，提高中职教师与企业合作和组织学生深入企业时的协调能力 ③ 通过企业实训，使教师能够将理论知识进行实地检验并能够实际训练操作技能	① 通过工厂实地参观交流，了解各种制冷方法的应用情况，在参观过程中与工厂的技术人员和指导人员进行现场交流和咨询，在参观后进行问题的整理并汇报 ② 通过企业实践培训，提高中职教师与企业合作和组织学生深入企业时的协调能力 ③ 通过企业实训，使教师能够将理论知识进行实地检验并能够实际训练操作技能 ④ 为以后与企业的合作和沟通建立联系渠道	① 通过工厂实地参观交流，了解各种制冷方法的应用情况，在参观过程中与工厂的技术人员和指导人员进行现场交流和咨询，在参观后进行问题的整理并汇报 ② 通过企业实践培训，提高中职教师与企业合作和组织学生深入企业时的协调能力 ③ 通过企业实训，使教师能够将理论知识进行实地检验并能够实际训练操作技能 ④ 为以后与企业的联系和沟通建立联系渠道，并指导其他级别的教师 ⑤ 通过企业实训，使教师能够熟悉制冷各生产工艺流程和现场生产组织管理，并将其实施到教学过程中

五、培训方案体系框架

1. 能力标准要求（表3）

表3 能力标准要求

培训类型	上岗层级教师	提高层级教师	骨干层级教师
培训对象	新上岗教师	本专业的合格教师	本专业的带头人或骨干教师
培训目标	上岗层级教师教学能力要求	提高层级教师教学能力要求	骨干层级教师教学能力要求
教学能力标准要求的内容	N1.1、N2、N3、N4、N5、N6、N7.1 ~ N7.3、N7.6	N1.1、N2、N3、N4、N5、N6、N7.1 ~ N7.3、N7.6、N8	N1、N2、N3、N4、N5、N6、N7、N8、N9、N10

（续）

培训类型	上岗层级教师	提高层级教师	骨干层级教师
实践能力标准要求的内容（职业技能证书）	M1.1、M1.2、M1.3.1.1 ~ M1.3.1.3、M1.3.1.5、M1.3.2.1 ~ M1.3.2.3、M1.3.2.5、M1.3.3、M2.1、M2.2.1、M3.1、M3.2.1、M4.1、M4.2.1、M4.2.2.1、M4.2.2.2.1、M4.2.2.2.2、M4.2.2.3、M4.3.1、M4.3.2.1、M4.4.1、M4.5.1 ~ M4.5.3、M5.1 ~ M5.4、M6.1、M6.2.1 ~ M6.2.4、M6.3.1、M6.4.1 ~ M6.4.3、M6.4.4.1、M6.4.4.2	M1.1、M1.2、M1.3.1.1 ~ M1.3.1.5、M1.3.2.1 ~ M1.3.2.5、M1.3.3、M2.1、M2.2、M3.1、M3.2、M3.3.1、M4.1、M4.2、M4.3.1、M4.3.2.1、M4.3.2.2、M4.4.1、M4.4.2.1、M4.4.2.2、M4.5.1 ~ M4.5.3、M5.1 ~ M5.4、M6.1、M6.2.1 ~ M6.2.4、M6.3.1、M6.4.1 ~ M6.4.3、M6.4.4.1、M6.4.4.2	M1、M2、M3、M4、M5、M6
培训模式/方式（可选择）	预设式、综合性、课程式、集中式为主（校本培训）基地培训	单项性、课程式、集中式为主（基地培训、校本培训）	预设式、综合性、研讨式、集中式为主（基地培训）

2. 培训课程计划

培训课程计划见表4，表中带★号的项目为骨干层级教师应满足的要求，带☆号的项目为提高层级教师应满足的要求。三个层次中，较高层级的能力要求应包括较低层级的能力要求。表中，N表示能力标准，1N表示能力标准中的第一部分，2N表示能力标准中的第二部分，M表示核心教材的模块，4M表示核心教材的第四个模块，依此类推。

表4　培训课程计划

模块代码	课程代码	课程名称	教学内容概要	与能力标准内容对应的代码	参考课时			教学形式
					上岗	提高	骨干	
M1 电冰箱的组装、调试与维修	M1.1	基本操作技能训练	常用制冷专用工具的使用 管道加工技能训练	1N1M1	4			“教、学、做”一体化
			常用制冷仪器的使用 管道焊接技能训练	1N1M2	4			“教、学、做”一体化
	M1.2	电冰箱主要部件的安装和管路连接	电冰箱的分类、结构及部件认识 电冰箱的制冷原理 典型电冰箱技能实训装置介绍 电冰箱的组装和管路的连接实训	1N4M1.1 1N1M2	4	4		“教、学、做”一体化
	M1.3	电冰箱控制系统的安装	典型控制电路的实训装置介绍 电冰箱控制系统的安装训练	1N2M1.2	4	4		“教、学、做”一体化

（续）

模块代码	课程代码	课程名称	教学内容概要	与能力标准内容对应的代码	参考课时			教学形式
					上岗	提高	骨干	
M1 电冰箱的组装、调试与维修	M1.4	制冷剂的充注	电冰箱泄漏检测的方法 制冷剂充注的方法 制冷剂的充注与封口训练	1N1M1.2	4	4	4	“教、学、做”一体化
	M1.5	电冰箱的调试与运行	家用电器安全标准概述 电冰箱的电气安全检测方法 ★电冰箱的性能检测方法 ★电冰箱的调试与运行技能训练	1N2M2	4	4	4	“教、学、做”一体化
	M1.6	电冰箱故障检修	维修电冰箱的注意事项 ★R134a电冰箱维修技术 ★R600a电冰箱维修技术 电冰箱制冷系统故障的检修方法 电气控制系统故障的检修方法 电冰箱故障检修实训设备介绍	1N4M1.2	8	8	4	“教、学、做”一体化
M2 空调器的安装、调试与维修	M2.1	空调器主要部件的安装与管路连接	家用空调器的基础知识 空调器制冷系统的工作原理 典型空调实训装置设备介绍 空调器主要部件的安装与管路连接训练	1N4M2.1 1N1M2	4	4	4	“教、学、做”一体化
	M2.2	空调器电气控制系统的安装	家用空调器电气控制原理 实训装置空调器电气控制原理 实训装置空调器电气控制系统的安装	1N2M1.2	4	4	4	“教、学、做”一体化
	M2.3	空调器的调试与运行	空调器性能试验要求和方法 空调器电气安全试验要求和方法 ★空调器调试与运行技能训练	1N2M2	4	4	4	“教、学、做”一体化
	M2.4	家用空调器的故障检修	空调器的维修安全操作规范 空调器制冷系统故障检修方法 空调器电气故障检修方法 典型空调器实训设备介绍 家用空调器的故障检修技能训练	1N4M2.2.2	8	8	8	“教、学、做”一体化
	★M2.5	变频空调技术	变频空调技术介绍 变频空调电路原理分析 变频空调电路故障分析 典型变频空调实训设备介绍 变频空调智能考核电路故障检测实训	1N2M2.5、 1N2M3.1			8	“教、学、做”一体化
	M2.6	空调器的安装	空调器安装的方法与规范 ★分体式空调器的移机方法 ★分体式空调器的安装实训操作	1N4M2.2.1	4	4		“教、学、做”一体化

（续）

模块代码	课程代码	课程名称	教学内容概要	与能力标准内容对应的代码	参考课时			教学形式
					上岗	提高	骨干	
M3 中央空调的结构与维修	M3.1	中央空调系统的构造与认识	中央空调系统的分类 中央空调系统的结构组成 风机盘管的介绍 典型中央空调实训装置的介绍与实训操作	1N4M3.1	4	4	4	“教、学、做”一体化
	M3.2	中央空调的水系统	空调水系统的分类及典型形式 空调水系统的管材与管件 认识冷却塔结构 ★空调水系统的施工实训 ★空调水系统的压力试验的步骤	1N4M3.1.4.1	4	4	4	“教、学、做”一体化
	M3.3	中央空调风系统的结构与测量	中央空调风系统的结构 ★中央空调通风系统的清洗规范 各种运行工况状态的工况调节方法 中央空调风系统各种运行工况状态下热工参数的测量	1N4M3.1.5	4	4	4	“教、学、做”一体化
	M3.4	中央空调制冷系统与操作运行	中央空调制冷系统启动与停止的操作方法 中央空调系统运行工况与运行参数检测分析 中央空调实训装置的启动、运行、调试实训	1N3M3	4	4	4	“教、学、做”一体化
	★M3.5	中央空调的 PLC 控制	中央空调自动化控制电器组成及原理 FX2N 可编程序控制器的介绍 FX2N 可编程序控制器编程训练 中央空调 PLC 程序设计实训	1N2M3.2			16	“教、学、做”一体化
	M3.6	中央空调电气系统结构与维修	中央空调电气系统结构的认识 中央空调电气系统常见故障的检测与维修方法 典型（中央空调电气系统）实训装置的故障检测与维修实训	1N4M3.2.2	8	8	8	“教、学、做”一体化

（续）

模块代码	课程代码	课程名称	教学内容概要	与能力标准内容对应的代码	参考课时			教学形式
					上岗	提高	骨干	
M4 冷库的设计、运行与维修	M4. 1	压缩机的构造与拆装	制冷压缩机的分类 各类压缩机的结构与工作原理 典型压缩机的拆装实训	1N4M3. 1. 4. 2	4	4	4	“教、学、做”一体化
	M4. 2	冷库的结构、特点与设计	冷库的结构、特点与分类 ☆冷库容量的计算方法 冷库制冷系统的主要部件 ★典型冷库的设计实训	1N4M4	4	16	4	“教、学、做”一体化
	M4. 3	冷库的运行与维护	冷库的启动与停止操作方法 冷库的运行工况与运行参数 冷库电气控制系统的组成 冷库控制原理 典型冷库实训考核装置介绍 ★典型冷库实训装置电路故障检测与维修实训	1N3M3	4	4	4	“教、学、做”一体化
M5 汽车空调	M5. 1	汽车空调的认识	汽车空调的结构认识	1N4M5. 1	4	4	4	“教、学、做”一体化
	M5. 2	汽车空调制冷系统组装	汽车空调制冷系统的作用、组成及分类 汽车空调制冷系统的工作原理 汽车空调制冷系统主要部件	1N4M5. 2	4	4	4	课堂授课
	★M5. 3	汽车空调通风、净化、配气、暖风系统拆装及检修	汽车空调通风、净化、配气、暖风系统 通风、取暖系统控制和执行部件	1N4M5. 3		4	4	“教、学、做”一体化
	★M5. 4	汽车空调电气控制系统安装调试	汽车空调电气控制组件 汽车空调电路分析 典型轿车空调系统的控制电路 电气控制系统安装调试实训	1N2M1. 2		4	4	“教、学、做”一体化
	★M5. 5	汽车空调系统的维护及综合故障的诊断与排除	汽车空调系统的维护 汽车空调系统综合故障的诊断与排除	1N4M5. 4			4	“教、学、做”一体化

（续）

模块代码	课程代码	课程名称	教学内容概要	与能力标准内容对应的代码	参考课时			教学形式
					上岗	提高	骨干	
M6“四新”知识与安全讲座	M6.1	制冷技术的发展与应用	制冷的基本概念与技术分类 制冷和空调的历史与发展 制冷技术的应用	1N5M1	4	4	4	专家讲座 小组讨论
	M6.2	制冷新方法	常见制冷新方法	1N5M2	4	4	4	专家讲座 小组讨论
	M6.3	新型制冷剂与环保	新型制冷剂的种类和符号表示 新型制冷剂的选择 环境影响的指标 新型制冷剂的物理、化学性质 新型混合制冷剂 新型制冷剂的回收 新型制冷循环	1N5M3	4	4	4	专家讲座 小组讨论
	M6.4	制冷新技术与新工艺	半导体制冷技术 热声制冷技术 太阳能制冷技术 电冰箱新技术 空调新技术 汽车空调新技术	1N5M4	4	4	4	专家讲座 小组讨论
	M6.5	参观与企业实践	公司简介及管理制度 企业文化与管理艺术 学习企业先进技术与先进设备的操作岗位规范、人才需求等	1N6M1	16	16	16	专家讲座 企业参观
			学校简介及管理制度 同行学校的教学设备 学习同行学校的教学管理艺术 教学示范、观摩与评价 ★职业学校学习与调研	1N6M2	24	24	24	专家讲座 学校参观
			制冷职业教学设备的购置与建设 ★筹建制冷职业实验室	1N6M3	8	8	8	专家讲座 工厂参观
			认识建立中职学校教师到企业实践制度的重要性 中职学校教师到企业实践的要求与主要内容 中职学校教师到企业实践的主要形式与组织管理 相关实践内容	1N6M4	32	32	32	专家讲座 企业调研

（续）

模块代码	课程代码	课程名称	教学内容概要	与能力标准内容对应的代码	参考课时			教学形式
					上岗	提高	骨干	
M6“四新”知识与安全讲座	M6.6	考证	中级：M1.1、M1.6、M2.4、M2.6 高级：M2.4、M2.5、M3.3、M3.4、M3.6 技师：M2.5、M3.3、M3.4、M3.5、M3.6 高级技师：M2.5、M3.5、M3.6、M4.2、M4.3	附光盘	40	40	40	“教、学、做一体化”
	M6.7	安全防护	焊接安全知识 高处作业安全 相关作业的安全技术	1N1M3	4	4	4	专家讲座
J1	J1.1	现代制冷技术的发展与应用（分析专业技术应用领域）	明确专业发展现状 分析制冷与空调设备原理与维修专业职业岗位（群）能力结构 解读制冷与空调设备原理与维修专业国家职业标准	2NM1.1	4	4	4	专家讲座 小组讨论
J2	J2.1	教师职业道德规范	了解教师职业道德内涵 明确职业道德目标	2NM1.2.1 2NM2.1.1	4	4	4	专家讲座 小组讨论
	J2.7	现代职业教育概论	了解职业教育与社会经济的关系，了解现代职业教育基本思想与理论，比较中外职业教育发展现状	2NM2.3	4	4	4	专家讲座 小组讨论
J3	J3.6 J3.7	现代教育技术应用（设计教学场景、确定教学策略）	确定完成学习任务所需的材料 确定工具、仪表、设备 确定教学场所 准备教学媒体 工位安排 确定教学准备策略 确定教学实施策略 了解多媒体课件制作过程	2NM3.6 2NM3.7	8	8	8	专家讲座 实训操作
J5	J5.3	职业教育专业教学方法（布置学习任务）	布置项目教学法学习任务 布置引导文教学法学习任务 布置模拟教学法学习任务 提出问题 布置四阶段教学法学习任务 组织教学	2NM5.3	4	8	8	专家讲座 小组讨论

（续）

模块代码	课程代码	课程名称	教学内容概要	与能力标准内容对应的代码	参考课时			教学形式
					上岗	提高	骨干	
J7	J7.1	教学课件展示和观摩教学（上示范课）	教学内容选择 示范教学目的 进行教学准备 教学目标与策略选择 教学流程设计 教学反思	2NM7.1	8	4	4	专家讲座 小组讨论 教学体验
	J7.2	教学课件展示和观摩教学（说课）	说课	2NM7.2	8	4		专家讲座 教学体验
	J7.3	教学课件展示和观摩教学（评课）	评课 评教学目标 评教学内容 评教学策略 评教学效果	2NM7.3	8	4	4	专家讲座 小组讨论 教学体验
J8	J8.1	教学研讨	制定教学研究计划 确定教研课题的选题 组织开展教研活动 撰写研究报告 应用研究成果	2NM8		8	4	专家讲座 小组讨论
J10	J10.1	专业建设	分析研究本专业发展状况 制定本专业发展建设规划 校内专业实训基地建设 校外专业实习基地建设 职业教育课程的开发 “工作过程导向”课程开发 “学习领域”课程开发 精品课程建设	2NM10			8	专家讲座 小组讨论
总课时合计					288	300	300	

六、考核

培训考核包含以下几部分：

1）“教学理论与方法”。学习我国职业教育现行政策、国内外先进的职业教育教学理论与方法、先进的教育技术手段，结合教学实际，重点进行专业教学法和课程开发的训

练。

2）“专业知识与技能训练”。学习专业领域的最新理论知识、前沿技术和关键技能，进行专业技能训练。

3）“企业实践与实习、实训活动”。学习并熟悉相关企业先进的技术、生产工艺流程、管理制度与文化、岗位规范、用人要求等，进行取得职业资格证书或专业技术证书的技能训练。

4）教案与试讲。运用所学的教学理论和方法，完成一份 4 学时以上的教案（PPT 教学课件）并进行试讲。

5）教学研究论文。通过专业实训撰写一篇 3000 字以上的教学研究论文，同时完成并提交实训作品。

6）通过制冷职业技能等级考证。

7）由合作企业对学员实践活动情况和专业技能水平作出评定。

七、培训方法

先进的教学方法和现代化的手段对提高职教师资培训质量具有非常重要的作用。对中等职业学校制冷和空调设备运用与维修专业教师的培训，根据不同的培训对象，其培训的侧重点有所不同。

1. 上岗教师培训

对新上岗的教师，主要以教师职业道德、工作作风、教育观念、教学方法、学生的心理特点分析、教书育人的艺术和方法等内容为主要培训内容，以校本培训方式为主，在教学、科研实践中探索，在探索中生成，在生成中反思，在反思中总结，在总结中提升，不断地改进和完善培训方式，提高培训效果。培训方式包括：① 专题讲座；② 问题研讨；③ 听观摩课；④ 开展与老教师的拜师结对。

2. 提高教师培训

对于提高层级以上的制冷专业教师，则以专业教学法和专业实践技能为主要的培训内容，常用的方法有：

1）以开设专题讲座为主，开展以下方面的培训：① 专业教学法；② 教师职业道德；③ 制冷专业岗位群与职业操守规范；④ 制冷专业新知识、新材料、新工艺。

2）专业教学能力方面的培训，可采用以下方法：① 听示范课；② 听课；③ 说课；④ 试讲。

3）实践技能培训，可以项目教学法为主。

3. 骨干教师培训

1）面授培训。针对职业教育教学特点，采取专题讲座、专业理论学习与提高、技能训练、模拟教学、交流研讨、现场观摩等多种形式，突出示范性，注意发挥学员在培训活动中的主体作用。实行小班教学、分组训练，并与之进行教学法研讨。

2）企业实习。让学员学习并熟悉相关企业先进的技术、生产工艺流程、管理制度与文化、岗位规范、人才需求等情况。学员实习结束后撰写实习报告。

3）参观企业。通过参观企业，一是让学员了解本专业在行业中的现状与发展，二是了解本行业所需要的知识结构和技术要求，以明确培训的目的。

4）参观职业学校。让学员深入了解其他中职学校情况，并与同行进行探讨、交流。

附录　相关说明

1）据有关调研结果反映，职技师范类院校毕业的专业教师在师资队伍中所占比例不高，故不再以此分类。取而代之的是是否取得教师职业资格证书。

2）可以考虑在实践能力标准与职业技能证书之间建立等价、互认制度，以减少培训成本。

3）可以考虑建立职教师资培训证书制度。

4）职业学校教师取得职教师资培训证书才能正式进入教师序列。

5）努力创造条件，使教师晋升与取得相应层级职教师资培训证书挂钩。

6）只有取得低一级职教师资培训证书的教师才有资格申请参加高一级职教师资的培训。

7）职教教师培训实行学分制，每 20 学时记为 1 学分。

8）各阶段培训包括的培训内容、培训方式、考核办法等由相应专业专家研究、论证、制定，并经人事管理部门、教育行政主管部门审核认定。

9）教师培训方案的开发制定应在职业学校教师专业化理论指导下，借鉴发达国家经验，以及总结我们自己成功经验的基础上完成。

10）教师培训应是学校教学与企业实践相结合的，培训过程的教学要注意成人学习和职教师资发展需要的特点和规律，强调理论与实践相结合。

第三部分

制冷和空调设备运用与维修专业教师培训质量评价指标体系

根据中等职业学校制冷和空调设备运用与维修专业教师教学能力要求及中等职业学校制冷和空调设备运用与维修专业教师培训方案，制定中等职业学校制冷和空调设备运用与维修专业教师培训质量评价指标体系，供专业教师能力培训时参照执行。

一、指导思想

1. 评价的根本性质

中等职业学校制冷和空调设备运用与维修专业（以下简称制冷专业）教师培训质量评价是对每次制冷专业教师培训项目的培训质量进行的评价，它不单纯是对培训机构、培训内容或培训教师的评价，是一个以培训质量为中心的综合性评价，这是培训评价的根本性质。

2. 评价的出发点

培训目的不仅要提升中等职业学校制冷专业教师的专业实践能力和理论水平，更要吸收国内外各种先进的职业教育理念，学习更多的教学方法去指导教学，从而培养中等职业学校制冷专业教师更好的教学态度，达到因材施教的教学目的。同时，这也是制定培训质量评价的根本出发点。

3. 评价的目的

根据培训评价的根本性质和出发点，可把评价的目的分为两个方面：首先，它是保障中等职业学校制冷专业教师上岗培训（角色适应培训）、提高培训（主动发展培训）和骨干培训（最佳创造培训）高质、高效完成的重要措施之一；其次，通过建立重点专业的教师培训质量评价指标体系，促使培训基地单位找出培训中的薄弱环节和存在的问题，巩固培训中的成功经验，克服培训中的不足之处，进而使培训质量逐步变得规范、科学和优化。

4. 评价的基本要求

评价的基本要求是以培训质量监控为中心，对培训条件、培训内容、培训组织和管理、教师培训效果等进行综合性评价。坚持过程评价与终期评价相结合，坚持评价学员与评价基地相结合，客观地反映培训基地在培训内容组织、培训工作保障等各方面的情况，客观地反映参训教师在培训期间的学习态度、教育理念、专业知识、专业教学能力等方面的情况，确保中职制冷专业教师的培训质量，强化培训工作的规范化、科学化和精细化管理。

5. 培训的目标

教师培训的目标是促进教师成长。教师的成长是一个动态发展的过程，一般要经过

“角色适应”（上岗）、“主动发展”（提高）和“最佳创造”（骨干）三个阶段，教学能力需要在不断学习、探索与创造中提高。无论培训内容和形式如何，教师培训只是促进教师成长的一种载体，教师培训应该强调终身学习意识，增强教师的创造性，因此，专业教师培训评价应具有一定的动态性，重点放在强化教师不断自我学习意识、强化受训教师的教育科研能力、提高教师密切结合学习研究与实践创新的能力三个方面上。

二、评价体系内涵

1. 评价的基本原则

1）培训质量评价指标体系力求具有科学性、可操作性和可比性，简便适用，易于得出综合性结论。

2）各项评价指标体系的建立必须遵循教育教学的客观规律，反映培训教学质量的各项指标。

3）培训质量评价指标的高低要以培训教师走向社会后成为专业教师的教学效率、学生走向社会成为人力资本的基本效率为标准。及时跟踪并反馈的制冷专业教师的教学效率和学生的工作效率是对培训教学质量评价指标体系合理与否的检验标准。

4）专业师资评价指标以培养教师的专业能力为主，素质教育、教师技能应贯穿教学的全过程。

2. 评价指标体系的组成

依据专业教师培训质量的主要影响因素，评价指标体系由“培训方案”、“培训条件”、“培训管理”和“培训效果”等四部分组成。

3. 评价指标体系的构建

专业教师培训质量指标体系由四个一级指标（即培训方案、培训条件、培训管理、培训效果）及其所含二级指标组成。每个二级评价指标由评价重点内容、评价标准、评价方法、等级、权重、得分构成（见表1）。

三、基本思路

1. 从实际出发，切实落实评价系统的全面性

所谓评价系统的全面性是指评价指标体系的涵盖面之广，既注意到了教学过程中的各个环节，包括“培训方案”、“培训条件”、“培训管理”，又注意到“培训效果”，即社会评

价的各个方面。

从教学过程看主要是教师的备课、讲课、板书、示范、指导和学生的预习、听讲（观察）、讨论提问、作业、操作过程。评价的内容主要是课堂教学质量评价指标、教师指导实验质量评价指标、教师指导实习、实训质量评价指标，这些指标都要有教师和学生双向评价体系。另外，教学中的教学管理、教学条件及硬件设施都要建立评价指标。

社会评价指标体系评价的内容仅仅从教学的内容环节考虑是远远不够的，必须从教学的外部获取有价值的信息才是全面的。如社会调查指标、市场跟踪的信息反馈指标、职业技能鉴定评估指标。这些评价内容是职业培训完成后的终结性评价，也是职业培训教学质量的客观反映。经过整理、加工后获取的有价值的信息，是各类职业培训机构调整教学模式、办学方向的重要依据。

2. 推进职业教育改革，确实保证评价内容的系统性

所谓评价内容的系统性是指从体系整体出发，确定子系统及其之间的相互关系，力求做到系统内部结构合理。例如，对学生的评价既要评价学生的文化素质，又要评价他们的技能水平及创新意识、创新能力。评价内容的各项指标之间的相互联系从中等职业学校制冷专业教师培训质量评价体系结构图（图 1）可以看出。

在评价“培训方案”时，要推动以“项目导向，任务驱动”为特色的教学模式；强调“以学生为中心”深化教材与教学内容改革与建设；专业基础理论以“必需、够用”为原则等。

在评价“培训条件”方面，强调授课教师的职称，强调双师型教师的比例，强调有无制冷工程师和制冷技师。要突出制冷专业的“真操实练”的实践教学环节，强化能力培训。

在评价“培训管理”方面，要突出组织领导和培训管理的规范化、信息化、科学化、人性化。

在评价“培训效果”方面，提倡采用多重巡回反馈等先进的动态评价方法；更多地了解学员的满意度及学员能力的提高。注意体现培训的全过程，而不仅仅关注最终效果。

四、评价等级和评价结果

1. 评价等级

每项指标按照优劣顺序分 A、B、C、D 四个级别，评价标准只列 A、C 两个等级的标准，介于 A、C 级之间为 B 级，低于 C 级为 D 级。A 级为 5 分，B 级为 4 分，C 级为 3 分，D 级为 2 分。

评价指标的权重根据评价指标对培训质量影响的重要程度来确定。权重与评价等级的分数相乘即为各个指标的评价得分，各评价指标总分应低于 100 分。如果在实践中不断增补评价指标，总分应按“得分/总分”换算成当量分数。

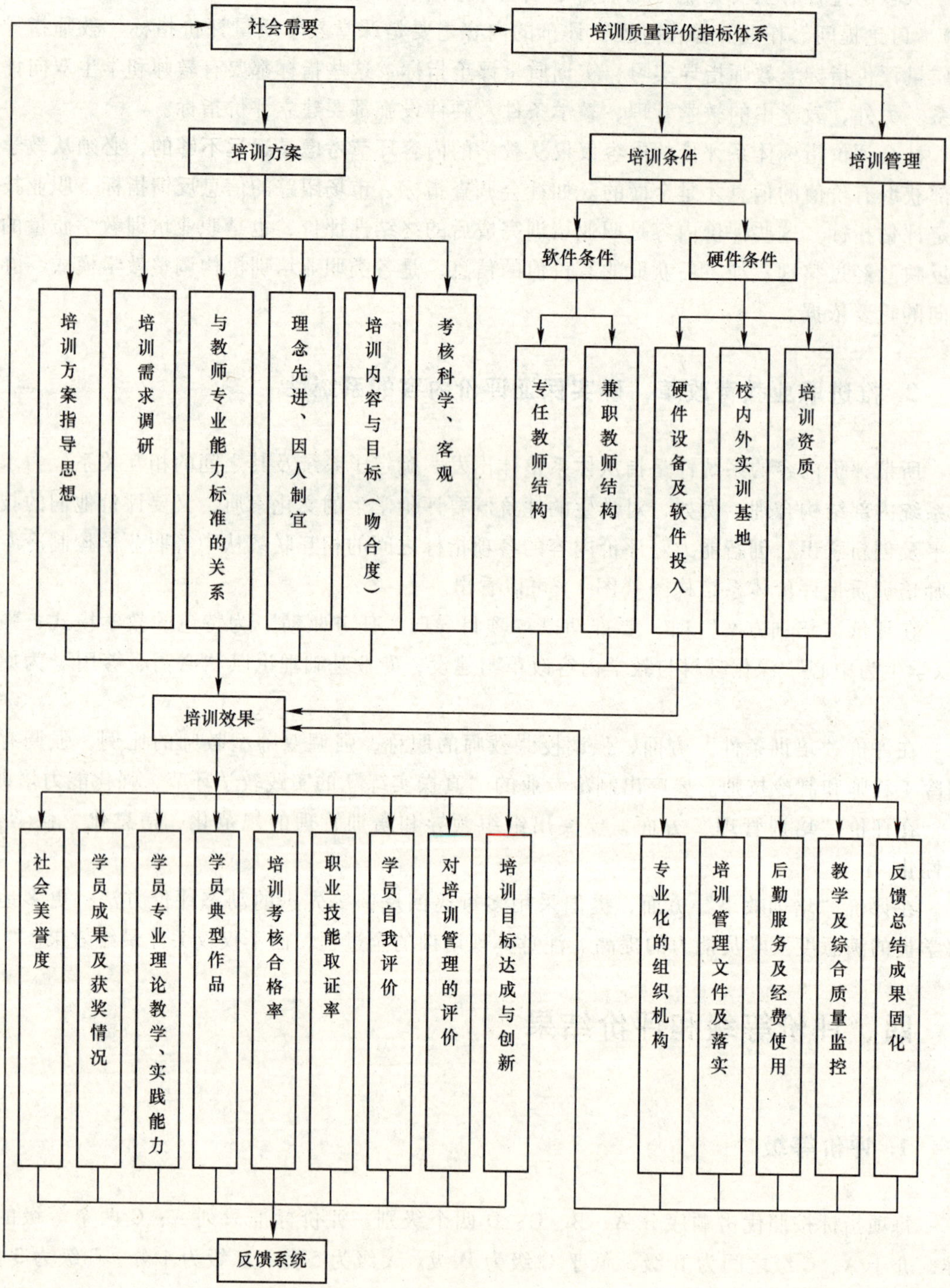

社会需要

培训质量评价指标体系

培训方案

培训条件

培训管理

软件条件

硬件条件

培训方案指导思想

培训需求调研

与教师专业能力标准的关系

理念先进、因人制宜

培训内容与目标（吻合度）

考核科学、客观

专任教师结构

兼职教师结构

硬件设备及软件投入

校内外实训基地

培训资质

培训效果

社会美誉度

学员成果及获奖情况

学员专业理论教学、实践能力

学员典型作品

培训考核合格率

职业技能取证率

学员自我评价

对培训管理的评价

培训目标达成与创新

专业化的组织机构

培训管理文件及落实

后勤服务及经费使用

教学及综合质量监控

反馈总结成果固化

反馈系统

图 1　中等职业学校制冷专业教师培训质量评价体系结构图

2. 评价结果

评价结果分为优秀、良好、合格、不合格四个等级。

1）优秀得分为 90 分以上。

2）良好得分为 80 分～89 分。

3）合格得分为 60 分～79 分。

4）不合格得分为 60 分以下。

3. 评价表格

培训班满意度评价表见表 2，培训班满意度评价分析表见表 3，上岗、提高、骨干三个层级教师考核项目及要求见表 4～表 6，评价结果汇总表见表 7。

表 1 制冷专业教师上岗（提高、骨干）培训质量评价表

一级指标	二级指标	评价重点内容	评价标准		评价方法	等级	权重	得分
			A	C				
培训方案	培训方案指导思想	与国家产业政策、地区经济发展、职业教育和专业教育要求相联系	充分体现国家产业政策，紧密联系地区经济发展，具有职业教育和专业教育特点，并满足社会主义制度教育方针和人才培养要求	仅关注职业教育和专业教育特点，对宏观政策路线把握较少	查资料，听汇报，访谈		0.6	
	培训需求调研	调研成果，成果运用	有详细的调研报告，调研结论充分运用	培训内容征求学员意见并采用	查资料，开座谈会		1.6	
	与教师专业能力标准的关系	培训内容与培训安排符合教师专业能力标准的要求	培训内容与培训安排完全符合教师专业能力标准	培训内容与培训安排基本符合教师专业能力标准	查资料，开座谈会		1.5	
	理念先进、因人制宜	吸收国内外先进理念 方案适应培训对象	了解国内外先进培训方式，并有效分析变为己用	拿来主义，知道形式不清楚内涵	查资料，开座谈会，方案答辩		0.7	
	培训内容与目标（吻合度）	课程安排的内容和实习、实训内容的了解程度；培训目标的了解程度；培训目标实现条件的了解程度	课程内容与专业能力培训目标相吻合；实现培训目标的条件完全具备；教学效果好，学员满意度 90% 以上	课程重点不突出；学员满意度 60% 左右	查培训方案，开座谈会，查问卷调查表		0.6	
	考核科学、客观	科学、客观、灵活、全面的考核方法	课堂与期中、期末考核结合，理论与实践结合，能力与素质结合	考核方法不够全面，太偏重专业能力，对综合素质关注不够	查资料，看记录，听汇报		0.6	

（续）

一级指标	二级指标	评价重点内容	评价标准		评价方法	等级	权重	得分
			A	C				
培训条件	专任教师结构	各种结构合理	师资队伍数量、职称、年龄、学历、性别等结构合理，既有教授型又有教练型，具有高级职称教师人数≥60%；专业课教师中“双师型”教师人数≥40%；数量满足培训教学要求，实践能力强，教学水平高，满足方案要求	师资队伍数量、职称、年龄、学历、性别等结构嫌偏颇，高级职称教师人数30%~40%；专业课教师中“双师型”教师人数10%~20%，数量基本满足培训教学要求，实践能力不强	查资料，开座谈会		0.8	
	兼职教师结构	比例协调，补充专任队伍	聘有一支素质高、数量足的兼职教师队伍，既有企事业单位现职高级专家学者和大学教授，又有企业专业技术人员，企业社会工作经验丰富对专任队伍是很好的补充，兼职的主讲教师具有高级职称教师比例≥80%；实践教学环节指导兼职教师企业培训师，以及制冷和空调设备运用与维修专业技师比例≥80%	聘有一支兼职教师队伍，数量太多或太少，质量关注不够，结构不太合理，兼职的主讲教师高级职称教师比例40%~50%；实践教学环节指导兼职教师企业培训师和技师比例40%~50%。	查资料，开座谈会		0.6	
	硬件设备及软件投入	各类硬件设备数量、质量，软件配置	培训机构内设有多媒体技术应用教室和项目课程实验教室；有制冷和空调设备运用与维修仿真实验室；能满足培训教学与实践所需；实训场所采用开放式管理，效果好；各类设备及软件台套数满足实践教学，使用率高	培训机构内设有多媒体技术应用教室和项目课程实验教室；有制冷和空调设备运用与维修仿真实验室，基本能满足培训教学实践所需；实训场所采用开放式管理；各类设备及软件台套数基本满足实践教学，使用率不高或安排不够科学	看现场，查资料		0.8	

（续）

<table>
<tr><th rowspan="2">一级指标</th><th rowspan="2">二级指标</th><th rowspan="2">评价重点内容</th><th colspan="2">评价标准</th><th rowspan="2">评价方法</th><th rowspan="2">等级</th><th rowspan="2">权重</th><th rowspan="2">得分</th></tr>
<tr><th>A</th><th>C</th></tr>
<tr><td rowspan="2">培训条件</td><td>校内外实训基地</td><td>满足实践教学和实习要求</td><td>有丰富的校内外实践实习资源供培训使用，利用率高</td><td>有相关资源，但数量和质量欠缺，或因安排不当造成使用不够充分深入</td><td>走访现场，查资料</td><td></td><td>1.4</td><td></td></tr>
<tr><td>培训资质</td><td>培训基地等级，特色专业，或行业认可度</td><td>国家（省、市）级培训基地，国家、省级特色专业，近5年多次做过专业培训</td><td>基地等级较低，很少做此类专业培训，但得到行业认可并在最近两年作为行为长期依托的培训单位</td><td>查看原始资料</td><td></td><td>1.4</td><td></td></tr>
<tr><td rowspan="2">培训管理</td><td>专业化的组织机构</td><td>管理组织机构人员专业、职责明确</td><td>管理机构健全，培训机构负责人由校（院）级领导担任，校内有制冷和空调设备运用与维修相关专业办学的基础和经历，具备制冷和空调设备运用与维修专业教师培训的条件；有一支配置合理、稳定和专职的培训管理队伍，素质高，服务意识强（学历结构数量），有管理经验和专业背景，有标准化的培训问题处理路径，近三年的培训任务完成情况好，计划完成95%以上，培训规格符合要求</td><td>管理机构较健全，培训机构负责人由校（院）级领导担任，校内有制冷和空调设备运用与维修相关专业办学的基础，具备专业教师培训的基本条件；有较合理、稳定和兼职的培训管理人员，素质较高专业化不够强，培训问题处理预案不够，近三年的培训任务完成情况较好，计划完成85%以上，培训规格符合要求</td><td>查资料，开座谈会</td><td></td><td>1.4</td><td></td></tr>
<tr><td>培训管理文件及落实</td><td>培训管理条例、档案管理和管理过程记录总结培训情况分析总结报告</td><td>严格执行教育部相关培训规定，有详细的，并结合制冷和空调设备运用与维修专业教师培训的管理条例，管理条例齐全、规范，执行情况好；培训档案齐全，管理规范；有近三年培训情况记录，典型事件处理经验或教训总结，满意度调查情况记录及历年来调查情况分析总结报告</td><td>能执行教育部相关培训规定，有培训管理条例，管理条例齐全，执行尚好；培训档案基本齐全，管理基本规范；培训情况记录不全，经验教训总结少，满意度调查情况记录零散，分析总结表面化</td><td>查资料，开座谈会</td><td></td><td>0.8</td><td></td></tr>
</table>

（续）

一级指标	二级指标	评价重点内容	评价标准		评价方法	等级	权重	得分
			A	C				
培训管理	后勤服务及经费使用	食宿条件，交通安排，安全条件，不同生活习俗的处理，培训使用的经费的情况	住宿饮食安全卫生，交通安排周到，考虑不同生活习俗或民族的饮食起居习惯；培训经费落实到位，使用合理	住宿饮食安全卫生存在隐患，合理的个性化生活习惯照顾不周；培训经费使用较合理	看现场查资料，开座谈会		0.6	
	教学及综合质量监控	有质量跟踪评价办法，有学员校内外各方组成的质量监督机构	建有培训质量保证体系，培训质量监控体系科学、完善、运行有效，成效显著，有自我质量跟踪评价办法和学员、校内外人员组成的质量监督机构，定期或不定期召开会议，听取学员对教学、后勤等的意见并有解决记录	培训质量监控体系初步形成，执行情况较好，很少召开质量跟踪会议，对学员意见反应慢，解决迟缓	查资料，开座谈会		0.8	
	反馈总结成果固化	成功经验、失误的教训总结	对培训成功案例和失误的教训有记录和分析，项目成功的成果得以固化，为日后所用，失误为日后警示	欠缺对做过培训项目的分析总结，很少或很难为将来提供经验教训	查资料，开座谈会		0.4	
培训效果	社会美誉度	用人单位、媒体等的反馈	社会反应好，媒体正面报道，用人单位调查反馈好，对培训机构培训教学内容的满意和较满意率≥90%；对学员能力和水平提高的满意和较满意率≥90%（由中职学校提供有关反馈和调查，综合评价高）	社会、媒体无不良反应，用人单位无意见，对培训机构培训教学内容的满意和较满意率为60%~70%；对学员能力和水平提高的满意和较满意率为60%~70%（由中职学校提供有关反馈和调查，基本达到培训目标）	查阅资料，听取用人单位意见		0.4	
	学员成果及获奖情况	上级部门表扬	培训得到省市级以上表彰。近三年，受训学员获省（部）级及以上教学成果奖≥1项；主持省级以上教学研究项目≥1项，并取得明显成效	市级部门表彰。近三年，受训学员获校级成果奖≥4项；主持校级或参加省级教学研究项目并在实践中取得一定成效	看原始资料		1.0	

（续）

一级指标	二级指标	评价重点内容	评价标准		评价方法	等级	权重	得分
			A	C				
培训效果	学员专业理论教学、实践能力	听课，查阅授课资料和评价	授课方法灵活，学生欢迎。学生参与度高，效果好	授课方法单调，课堂气氛较沉闷。学生参与度不高，效果一般	现场听课，查阅备课笔记等		0.5	
	学员典型作品	小组或个人作业作品	代表性的学习作品，加工难度及精度高，掌握先进设备技术	工件难度精度不太高，对工艺编程技术要求不太高	查看原始作业、作品并座谈		0.6	
	培训考核合格率	考核结果	考核结果合格率＞95%	考核结果合格率为60%～70%	查阅原始考核试卷、工件及记录和原件		0.6	
	职业技能取证率	获取证书情况	制冷和空调设备运用与维修专业相关的技能等级（证书）考核通过率100%。其中骨干教师：PLC系统实训、电子产品制造生产线实训、制冷设备维修工技师岗位技能；提高教师：空调器系统实训、电子产品制造生产线实训、制冷设备维修工高级工等岗位技能；上岗教师：电冰箱与空调系统实训、电子产品制造生产线实训、制冷设备维修工中级技能等岗位技能。骨干教师培训获技能中级证书率100%，高级证书率＞70%；提高教师培训获中级工证书率100%，高级证书率＞30%；上岗教师培训获中级工证书率100%	学员技能等级（证书）考核通过率90%，其中骨干教师：PLC系统实训、电子产品制造生产线实训、制冷设备维修工技师岗位技能；提高教师：空调器系统实训、电子产品制造生产线实训、制冷设备维修工高级工等岗位技能；上岗教师：电冰箱与空调系统实训、电子产品制造生产线实训、制冷设备维修工中级技能等岗位技能；骨干教师培训获中级工证书率100%，高级工证书率＞40%；提高教师培训获中级工证书率＞90%，高级工证书率＞20%；上岗教师培训获中级工证书率80%	查阅原始考核试卷、工件及记录和原件		0.7	

（续）

一级指标	二级指标	评价重点内容	评价标准		评价方法	等级	权重	得分
			A	C				
培训效果	学员自我评价	学员对培训组织过程及培训收获的满意程度	学员对培训机构的满意和较满意率≥95%；学员对教师的满意和较满意率≥95%	学员对培训机构的满意和较满意率为60%~70%；学员对教师的满意和较满意率为60%~70%	查阅调查表，看总结分析报告等		0.4	
	对培训管理的评价	教学安排、培训班的规章制度、生活服务、档案管理、管理队伍专业化程度	管理的科学性并有创新：规范化、信息化、现代化、人性化	基本上是传统式管理	开座谈会		0.5	
	培训目标达成与创新	培训成果与培训目标一致性和创新性	培训成果完全达到培训目标，并有明显创新之处。对制冷和空调设备运用与维修专业教师培训和优化师资培训工作过程及提高培训教学质量作用大，效果显著，具有专业特色与创新性	培训成果基本达到培训目标，无创新之处。对制冷和空调设备运用与维修专业教师培训和优化师资培训工作过程及提高培训教学质量有一定的作用和特色	听介绍，查资料，看学员培训作品，开学员座谈会等		0.7	

注：关于“权重”的说明（下文各表均依此说明）

1. 指标的权重即是各个指标在整个评价体系中相对重要性的数量表示。权重确定得合理与否，对综合评价的结果和评价工作质量有着决定性的影响，因此权重的设计至关重要。

2. 权重的设计方法。设计要求为：“评价等级”乘以“权重”等于得分，各项得分总和小于或等于100。

由此可知总成绩为

$$\sum_{i} 评价等级 \times 权重$$

式中，i——二级指标的总数 $=6+5+5+9=25$（个）

又因为 $\sum_{i}$ 评价等级 × 权重的最大值为100，所以

$$平均权重=\frac{100}{25\times 评价等级的最大值}=\frac{100}{25\times 5}=\frac{100}{125}=0.8$$

鉴于对这25个二级指标相对重要性的考虑。我们认为权重最大的可以定为0.8的2倍；权重最小的可以定为0.8的1/2倍。最终，各指标的权重被选定在0.4～1.6之间。

表 2　中等职业学校制冷专业教师培训班满意度评价表　　年　月　日

培训班名称			
培训时间	年　月　日——年　月　日　总学时		
培训方式			
基地名称			
请您协助回答下列问题（在□中划“√”）			
调查项目	满意程度		
1. 授课教师	□很满意　□满意　□基本满意　□不满意　□很不满意		
2. 教学内容	□很满意　□满意　□基本满意　□不满意　□很不满意		
3. 教学方法	□很满意　□满意　□基本满意　□不满意　□很不满意		
4. 培训质量	□很满意　□满意　□基本满意　□不满意　□很不满意		
5. 培训组织	□很满意　□满意　□基本满意　□不满意　□很不满意		
6. 培训服务	□很满意　□满意　□基本满意　□不满意　□很不满意		
最满意的教师		最不满意的教师	
最满意的课程		最不满意的课程	
最满意的实训		最不满意的实训	
最满意的参观		最不满意的参观	
请各位学员通过参加本次培训，提出您对培训单位（部门）的意见和建议			

注：在培训过程中及培训班结业前，组织学员填写，并装订存档。

表 3 中等职业学校制冷专业教师培训班满意度评价分析表 年 月 日

培训班名称				
培训时间	年 月 日—— 年 月 日 总学时			
培训方式				
基地名称				
办班级别	□国家级 □省市级 □县级			
学员人数	人	主要负责人		
发放调查表	张	回收 张	回收率 %	
调查项目	满意度分析			
1. 授课教师	很满意的（ ）% 满意的（ ）% 基本满意的（ ）% 不满意的（ ）% 很不满意的（ ）%			
2. 教学内容	很满意的（ ）% 满意的（ ）% 基本满意的（ ）% 不满意的（ ）% 很不满意的（ ）%			
3. 教学方法	很满意的（ ）% 满意的（ ）% 基本满意的（ ）% 不满意的（ ）% 很不满意的（ ）%			
4. 培训质量	很满意的（ ）% 满意的（ ）% 基本满意的（ ）% 不满意的（ ）% 很不满意的（ ）%			
5. 培训组织	很满意的（ ）% 满意的（ ）% 基本满意的（ ）% 不满意的（ ）% 很不满意的（ ）%			
6. 培训服务	很满意的（ ）% 满意的（ ）% 基本满意的（ ）% 不满意的（ ）% 很不满意的（ ）%			
一、1. 项目标准系数 $a=1$ $b=0.9$ $c=0.8$ $d=0.35$ $e=0.00$ 2. 项目满意度得分 = Σ（学员对该项目各种评价的百分比 × 各相应的标准系数）				
二、本次调查总的培训满意程度。 总的满意程度 = 各项目满意程度之和 ÷ 6				
三、学员在评价调查中，对举办单位（部门）的意见和要求				

注：此表是根据每一位学员所做的《中等职业学校制冷专业教师培训班满意度评价表》经汇总计算后，由举办机构填写。

表 4　上岗教师培训考核项目及要求

考核代码	考核项目	考核内容	考核要求	考核权重	备注
N11	教育类课程考核	制冷专业职位岗位分析报告	不少于 3000 字	5%	
N12		职业教育教学考察报告	不少于 3000 字	10%	
N13		专业项目教学教案	家用电冰箱一项、中央空调一项，不少于 4 学时	20%	
N14	专业类课程考核	制冷实训作品	难度与制冷专业高级工相当	30%	
N15	专业类企业实训考核	企业实训作品与报告	实训报告不少于 3000 字，作品家用电冰箱一项、中央空调一项，难度与制冷专业高级工相当	30%	
N16	培训平时考核	培训态度、出勤等	以平时培训表现记录为依据	5%	

表 5　提高教师培训考核项目及要求

考核代码	考核项目	考核内容	考核要求	考核权重	备注
N21	教育类课程考核	制冷行业与企业管理考察分析报告	不少于 3000 字	5%	
N22		职业教育教学考察报告	不少于 3000 字	5%	
N23		课程教学改革论文	不少于 1500 字	5%	
N24		专业课程项目教学过程开发设计	家用电冰箱一项、中央空调一项	20%	
N25	专业类课程考核	制冷实训作品	家用电冰箱一项、中央空调一项，难度与制冷技师相当	15%	
N26	专业类企业实训考核	企业实训报告	不少于 3000 字	5%	
N27		企业实训项目实施方案设计	企业冰箱或空调实训项目实施方案	20%	
N28		企业实训项目技能指导方案设计	企业冰箱或空调实训项目技能指导方案	20%	
N29	培训平时考核	培训态度、出勤等	以平时培训表现记录为依据	5%	

表 6　骨干教师培训考核项目及要求

考核代码	考核项目	考核内容	考核要求	考核权重	备注
N31	教育类课程考核	制冷行业发展与职业教育关系分析报告	不少于 5000 字	5%	
N32		专业建设规划论证及方案设计	论证报告不少于 5000 字，方案设计需完整	20%	
N33		专业课程开发方案设计	制冷专业课程完整开发方案	15%	
N34	专业类课程考核	冰箱与空调系统原理及故障诊断分析报告	不少于 5000 字	5%	
N35	专业类企业实训考核	企业实训报告	不少于 5000 字	5%	
N36		企业实训系统规划与方案策划	企业实训策划方案	20%	
N37		企业实训组织与评价体系设计	企业实训组织方案与评价体系	15%	
N38	培训平时考核	培训态度、出勤等	以平时培训表现记录为依据	5%	
N39	在职研究考核	研究论文或方案设计	研究论文不少于 10000 字，方案设计需完整	10%	

表7 评价结果汇总表

评价等级统计表					
项目等级 / 项数	三级指标总数	等级			
		A	B	C	D
一般项目	23项				
特色项目	2项				
合计	25项				
评价结果					
评价等级	指标等级要求（分）	评价结果（优秀、良好、合格、不合格）			
优秀	≥90				
良好	≥80～89				
合格	≥60～79				
不合格	<60